中国航天科技前沿出版工程·中国航天空间信息技术系列

Principle, System Design and Application of CEI Measurement Technology

CEI测量技术原理、系统设计与应用

黄磊 刘友永 陈少伍 孟玮 著

清华大学出版社
北京

内 容 简 介

CEI(connected element interferometry，连线干涉测量，也可称为“短基线干涉测量”)技术是干涉测量技术的一种，其基线长度一般为几十千米；其通过对载波相时延的测量，进而实时获得目标相对于基线矢量的精确角位置，可适用于中高轨卫星的高精度测定轨及相对定位。

本书重点介绍了CEI技术的基本原理，CEI系统的设计构建，实现CEI所突破的关键技术，以及CEI技术的工程应用实例；内容丰富全面，理论与实践并重。本书有助于从事航天测控工作的技术人员系统掌握和了解CEI技术的工作原理及CEI系统实现方法，具有较高的参考价值。

图书在版编目(CIP)数据

CEI测量技术原理、系统设计与应用/黄磊等著. —北京：清华大学出版社，2024.5
(中国航天空间信息技术系列)
中国航天科技前沿出版工程
ISBN 978-7-302-66067-5

Ⅰ. ①C…　Ⅱ. ①黄…　Ⅲ. ①干涉测量法　Ⅳ. ①O4-34

中国国家版本馆CIP数据核字(2024)第072817号

责任编辑：戚　亚
封面设计：傅瑞学
责任校对：欧　洋
责任印制：宋　林

出版发行：清华大学出版社
网　　址：https://www.tup.com.cn，https://www.wqxuetang.com
地　　址：北京清华大学学研大厦A座　**邮　　编**：100084
社 总 机：010-83470000　**邮　　购**：010-62786544
投稿与读者服务：010-62776969，c-service@tup.tsinghua.edu.cn
质量反馈：010-62772015，zhiliang@tup.tsinghua.edu.cn
印 装 者：三河市东方印刷有限公司
经　　销：全国新华书店
开　　本：153mm×235mm　**印　　张**：11.5　**字　　数**：203千字
版　　次：2024年5月第1版　**印　　次**：2024年5月第1次印刷
定　　价：99.00元

产品编号：099359-01

中国航天空间信息技术系列

编审委员会

“中国航天空间信息技术系列”序

自古以来，仰望星空，探索浩瀚宇宙，就是人类不懈追求的梦想。从1957年10月4日苏联发射第一颗人造地球卫星以来，航天技术已成为世界各主要大国竞相发展的尖端技术之一。当前，航天技术的应用已经渗透到生活的方方面面，并成为国家科技、经济领域的重要增长点和保障国家安全的重要力量。

中国航天通过“两弹一星”、载人航天和探月工程三大里程碑式的跨越，已跻身于世界航天先进行列，航天技术也成为中国现代高科技领域的代表。航天技术的进步始终离不开信息技术发展的支撑，两大技术领域的交叉融合形成了空间信息技术，包括对空间和从空间的信息感知、获取、传输、处理、应用以及管理、安全等技术。在空间系统中，以测量、通信、遥测、遥控、信息处理任务为代表的导弹航天测控系统，以空间目标探测、识别、编目管理任务为代表的空间态势感知系统，都是典型的空间信息系统。随着现代电子和信息技术的快速发展，大量的技术成果被应用到空间信息系统中，成为航天系统效能发挥的倍增器。同时，航天任务和工程的实施又为空间信息技术的发展提供了源源不断的牵引和动力，并不断凝结出一系列新的成果和经验。

在空间领域，我国陆续实施的载人空间站、探月工程三期、二代导航二期、火星探测等航天工程将为引领和推动创新提供广阔的平台。其中，以空间信息技术为代表的创新和应用面临着众多新挑战。这些挑战既有认识层面上的，也有理论、技术和工程实践层面上的。如何解放思想，在先进理念和思维的牵引下，取得理论、技术以及工程实践上的突破，是我国相关领域科研、管理及工程技术人员必须思考和面对的问题。

北京跟踪与通信技术研究所作为直接参与国家重大航天工程的总体单位，主要承担着航天测控、导航通信、目标探测、空间操作等领域的总体规划与设计工作，长期致力于推动空间信息技术的研究、应用和发展。为传播知识、培养人才、推动创新，北京跟踪与通信技术研究所精心策划并组织一线科技人员总结相关理论成果、技术创新及工程实践经验，开展了“中国航天空间信息技术系列”丛书的编著工作。希望这套丛书的出版能够为我国空间信息技术领域的广大科技工作者和工程技术人员提供有益的帮助与借鉴。

沈荣骏

2016年9月10日

前言

CEI属于干涉测量技术的一种，该技术通过相距10～100km的两个测站之间的光纤进行时频和信息传递，实现对两个测站接收信号时延的精确测量，进而实时或准实时地获得被测目标对两测站基线矢量的精确角位置。该技术具有较高的测角精度，可以与测距、测速等外测数据相结合，有效应用于中高轨卫星的定轨及共位GEO卫星的相对定位任务。目前，GEO卫星轨位资源紧张，往往多颗卫星共用同一经度位置，为避免共用区内相邻卫星间的无线电频率干扰及潜在的碰撞危险，需要对卫星实施较为精确的定轨定位(尤其是相对定位)，而CEI技术无疑是解决该问题的有效手段之一。此外，该技术还适用于空间目标监视领域。目前空间目标监视主要采用脉冲雷达，测量元素为距离和角度，精度不高(测量误差引起的空间位置误差达千米量级)；如果利用CEI得到的测角信息融合脉冲雷达的测距信息，可获得较高的定位精度(优于百米)，大大提高空间目标监视的效率和定轨精度。

本书对CEI技术进行了系统性介绍。第1章为原理性概述；第2章介绍了CEI的基本原理；第3章给出了在实际工程中得到应用的S频段CEI系统的详细设计方案，该系统主要用于对高轨卫星进行高精度测角；第4章介绍了CEI系统的工作模式和工作流程；第5章介绍了CEI系统的关键技术；第6章给出了CEI测量误差分析方法；第7章介绍了CEI技术的应用。

本书由黄磊策划和统稿，黄磊参与第1章、第2章、第5章和第6章的撰写；刘友永参与第3章、第4章、第5章和第7章的撰写；陈少伍参与第2章和第7章的撰写；孟玮参与第3章、第4章和第5章的撰写。

在本书的撰写过程中，北京跟踪与通信技术研究所的李海涛、李赞、樊敏、王宏，中国电子科技集团公司第五十四研究所的刘云杰、谷春平等提供了相关文献资料和有益帮助，在此一并表示感谢。

由于作者学识和水平有限，疏漏之处在所难免，恳请读者批评指正。

作者团队

2024年1月

目录

第1章 概述

1.1 干涉测量技术

在航天领域，无线电干涉测量（简称干涉测量）是一种利用目标航天器下行信号测角的方法，该方法在深空探测器导航中应用较为普遍，并通常与测距和/或多普勒测速数据一起使用。这主要是因为传统的航天器定轨定位依靠视向上测距和多普勒测量量来完成，这两种测量量给出的均为航天器在地面测站视向上的参数，对垂直于视向的横向参数不敏感；这就会带来一个难题，即在航天器赤纬接近 0°时，由于测距和多普勒测量量对赤纬测量的不敏感性，在作用力建模不准确条件下难以对航天器进行精确定位和定轨。理论分析表明，单次多普勒过境跟踪对赤纬误差的敏感性与 $\sin\delta$（δ 为航天器赤纬）成正比，当 $\delta=0°$时消失，因此在航天器经过零赤纬时，需要极长时间的多普勒跟踪或必须补充使用干涉测量等测角技术[1]。

传统的测角方法是通过使用具有自动跟踪功能的大口径抛物面天线来实现的。实际上，干涉测量完全可以看成自动跟踪天线的差分。自动跟踪天线的原理如图 1-1 所示。如果卫星在天线的正前方，卫星信号到达馈源(a)、(b)的时间相同，具有对称性。如果卫星的倾角如图 1-1 中的虚线所示，则信号到达天线 B 的时间就要早于到达天线 A 的时间，因此就会先到达馈源(b)，后到达馈源(a)[2]。

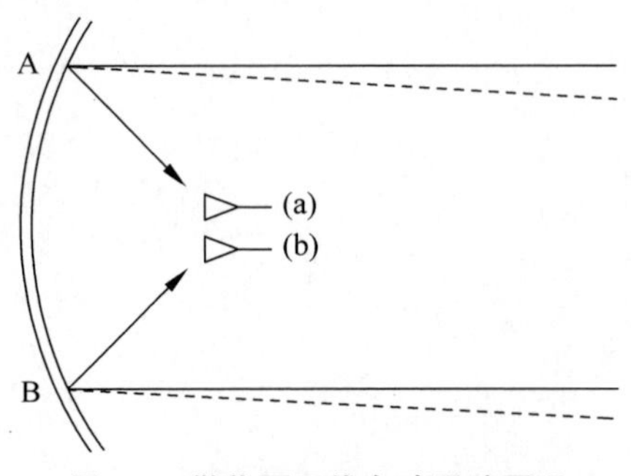

图 1-1 抛物面天线自动跟踪原理

天线在接收卫星发出的信标信号时，首先会检测信号到达(a)、(b)的相对时间差，并得到相对相位差，利用相位差值驱动电机扭转天线，直到相位差为零。此时，天线的指向就是卫星的正确方向，通过读取轴角编码器上的数据就可以确定卫星的方位。

在一般情况下，天线的焦点上只放置了一个馈源，而不是两个，在这种情况下，馈源可以当作是(a)、(b)的组合，因此单馈源的跟踪原理类似于双馈源的情况。

既然跟踪卫星方向依赖的是天线 A、B 之间的相对相位差，那就可以在 A、B 上放置小天线（而不是大型天线）来检测 A、B 间的相对相位，这便是对航天器干涉测量测角方法的由来。

A、B 两点间的连线称为"基线"，基线是一个由长度和指向定义的向量。按照基线长度的不同，一般可分为 VLBI（very long baseline interferometry，甚长基线干涉测量）和 CEI，两种技术基本原理一致，在实际应用中各有千秋，本书第 2 章将会对 CEI 原理进行详细介绍。

1.2　干涉测量技术在导航中的应用历程

美国国家航空航天局（National Aeronautics and Space Administration，NASA）最早将干涉测量技术应用在航天器导航中。早在 20 世纪 70 年代，VLBI 技术就在"阿波罗"（Apollo）登月工程中得到了应用。在 S 频段利用 VLBI 技术测量了"阿波罗 16"和"阿波罗 17"月球车的行走路线，月面定位精度达到了 20m[3]。

20 世纪 80 年代初期，"旅行者"号探测器与土星交会时碰到了零赤纬问题，这为开展无线电干涉测量提供了绝佳的机会。NASA 对"旅行者"1 号和 2 号分别进行了 ΔVLBI（差分 VLBI）测量，与邻近射电源 OJ287 开展交替观测，在 X 频段上测角精度达到了 100nrad[4]。通过这次试验，人们看到了 VLBI 测量技术的潜力，并进一步明确了提高测量精度的技术途径，其中发展 ΔDOR（delta differential one-way range，双差分单向测距）技术就是其中之一。

1985 年，美国深空测控网建设完成了窄带 VLBI 测量系统[5]，使得干涉测量技术成为了一种常用的导航技术手段。

20 世纪 90 年代前后，NASA 先后进行了两次重要的干涉测量试验。其一是在 1991 年，利用"麦哲伦号"（Megallan）探测器和"先驱者"（Pioneer）12 号探测器同时环绕金星飞行的机会，开展了 SBI（same beam interferometry，同波束干涉）测量，利用两个探测器角距很小，可以在一副天线的波束内同时观测的特点，几乎完全消除了信号路径、设备延迟等公共误差，获得了 4nrad 的高精度相对角位置[6]。其二便是一系列 CEI 试验：1989 年 6 月和 7 月，NASA 利用戈尔德斯通 DSS（deep space station，深空站）13 和 DSS 15 两副天线之间 21km 的基线，进行了多次短基线干涉测量验证试验（试验系统框图如图 1-2 所示）。试验中使用 VLBI 的 Block 0 接收机实现了对 S 频段(2.3GHz)和 X 频段(8.4GHz)的双频观测、数据采集和记录,实现的测角精度为 50～100nrad[7-9]。在 1990 年 12 月"伽利略号"探测器与地球交会时,NASA 利用 DSS 13 和 DSS 15 开展短基线干涉测量,对该探测器进行跟踪。结果表明,与仅使用测距和多普勒数据相比,综合使用短基线干涉测量数据、测距数据及多普勒数据能够获得更高的测量精度。

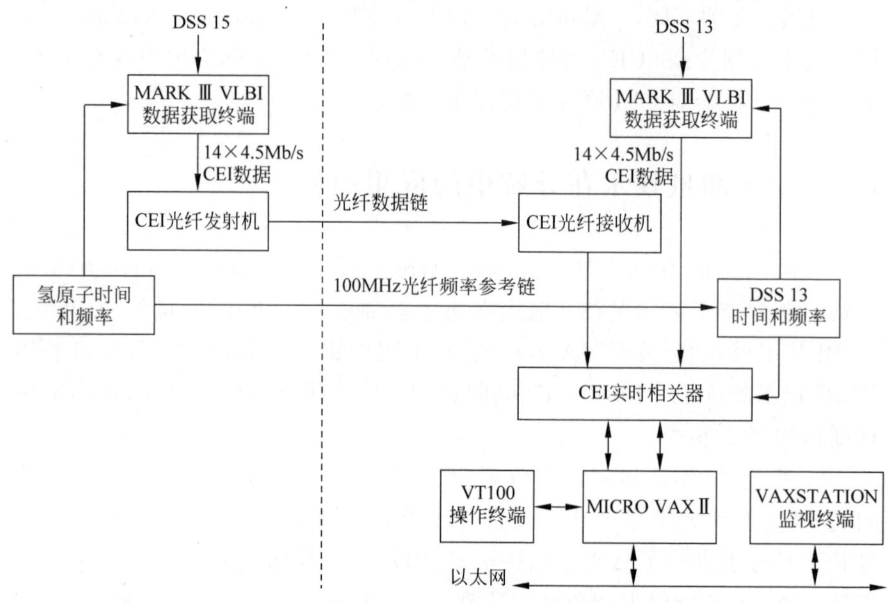

图 1-2 美国 DSS 13 和 DSS 15 之间实时 CEI 框图

日本于 20 世纪 80 年代在其东海岸部署了 CEI 系统,利用该技术进行地壳移动量的精确测量;并在 20 世纪 90 年代利用百米量级基线开展了共位 GEO(geosynchronous orbit,地球静止轨道)卫星 Ku 频段相对定位试验,定轨精度 150m[10]。

进入 21 世纪以来,干涉测量导航精度得到了进一步的提高。2007 年发射的"凤凰号"(Phoenix)及 2011 年发射的"火星科学实验室"(MSL, Mars Science Laboratory)任务都采用了 ΔDOR 技术,测角精度逐渐提高到接近 1nrad[11-12]。

1.3 CEI 测量技术

CEI 测量技术采用的基线一般为 10～100km,通过两个测站之间的光纤进行时频和信息传递,实现对两个测站接收信号时延的精确测量,进而实时或准实时获得目标对两测站基线矢量的精确角位置。CEI 测量系统组成如图 1-3 所示。

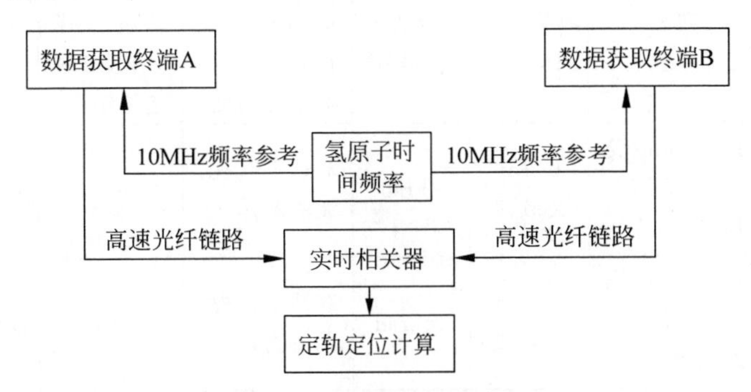

图 1-3　CEI 测量系统组成简图

CEI 技术具有较高的测角精度，可以与测距、测速等外测数据相结合，有效应用于中高轨卫星的定轨及共位 GEO 卫星的相对定位，也可用于月球及深空探测器的导航测量。虽然 CEI 的测量精度受到基线长度的限制，在理论精度上难以与 VLBI 的精度相媲美，但在测量技术发展日新月异的今天，国外著名航天机构依然对该技术表现出了浓厚的兴趣。例如，NASA 将 CEI 测量技术、单向测速技术、下一代 VLBI 技术（全频谱记录器）、同波束干涉技术共同列为深空无线电跟踪技术的主要发展方向[1]。这主要是因为 CEI 技术与 VLBI 技术相比，有其特殊的优势，具体归纳如下[7,13]：

(1) 使用同一频率源标准，可以在两站之间进行相干处理，并抵消站间的频率和时间偏差，同时减少了配置频率源（对于目前的高精度测量站一般为氢原子钟）的数量，提高了利用效率；

(2) 利用光纤进行测量信息的传递，可以实时或准实时得到定轨预报结果；

(3) 采用短基线测量与采用长基线测量相比，双站共视时间更长，更容易为任务的关键弧段提供支持；

(4) 由于基线较短，航天器与两个地面站之间的路径传输特性基本一致，可以显著降低空间传播介质误差的影响；

(5) 通过光纤将已有天线设备连接成一个系统，组网灵活；

(6) 可获得载波相位延迟测量量，测量精度远高于群延迟测量量；

(7) 具备在短弧条件下快速高精度定轨和定位的能力。

甚长基线干涉测量与短基线干涉测量的性能比较如表 1-1 所示，表中 CE-2 指“嫦娥二号”任务。

表 1-1 甚长基线干涉测量与短基线干涉测量性能比较

	典型基线长度	典型时延测量精度	典型测角精度	地球静止轨道目标基线投影方向相对定位精度	月球目标基线投影方向相对定位精度	备注
美国	10 000km(戈尔德斯通—堪培拉)	0.2ns(X 频段)	6nrad	双站不共视，无法测量	2.5m	群延迟测量
欧洲航天局	11 000km(塞夫雷罗斯—新诺舍)	0.5ns(X 频段)	14nrad	双站不共视，无法测量	5.6m	群延迟测量
中国 VLBI 网	3200km（佘山—南山）	2ns(CE-2：X 频段)	188nrad	8m	80m	群延迟测量
CEI	5.9km(DSS 12—DSS 13)	0.016ns(X 频段)	813nrad	32.5m	325m	相位延迟测量

从表中可以看出，在 CEI 测量系统上，实现高精度测量的前提是能够获取到相位延迟测量量，这需要解决 CEI 测量中的关键问题——解载波相位整周模糊。如果解模糊失败，则只能得到群时延的精度，在这种情况下，由于 CEI 基线长度仅是 VLBI 基线长度的 1%量级，其技术优势将荡然无存。

目前，地球同步静止轨道卫星的轨位资源紧张，多颗卫星共用同一经度位置，为了避免共用区内相邻卫星间的无线电频率干扰及潜在的碰撞危险，需要对卫星实施较为精确的定轨定位，尤其是相对定位。对于地球同步卫星的定轨定位通常采用一站一星、长时间测量的模式，测量精度不高且需长时间测量才能定轨；若采用多站 CEI 干涉测量的方法，则能够在短时间内依靠几何定位的方法得到较高的定轨精度，而且仅利用 3 个地面站进行 CEI 干涉测量，就能够对多颗地球同步卫星进行定轨，比采用一站一星有着更高的经济效益。采用单站测量和多站 CEI 干涉测量进行地球同步静止轨道卫星定轨和定位的比较如表 1-2 所示。

基于上述原因，利用 CEI 干涉测量技术对地球同步静止轨道卫星进行实时或准实时的高精度定轨定位，尤其是提高共位卫星间的相对定位精度有着非常重大的意义。

表 1-2 地球同步静止轨道卫星的测量方法比较

	单站测量	多站 CEI 干涉测量
测量原理描述	通过发送侧音解模糊的方法得到测距信息,通过比幅单脉冲测角的方法获得方位角和俯仰角信息	通过干涉测量的方法获得航天器信号源到 2 个地面接收站间的时延,进而获得测角信息
定轨定位精度	较低,通常为 1km 左右	较高,能够优于百米
主要优点	仅需 1 个站就能完成对某颗卫星的定轨定位工作	① 仅需 3 个站就能完成对多颗卫星的定轨定位工作,综合效益较高;② 通过短时间测量就能几何定位;③ 采用被动式测量方式,无需星上配合;④ 可以完成对共位卫星的同时测量,且测量精度较高
主要缺点	① 需要长时间测量,通常为 10h 以上;② 采用主动测量模式,需要星上进行配合;③ 无法对共位卫星同时进行测量	需要至少 2 个站才能构成基线,仅有 1 个站的情况下无法完成测量

此外,由于该项测量技术需 3 站以上多站被动接收卫星信号,适合用于空间目标监视。目前空间目标监视主要采用脉冲雷达,测量元素为距离和角度,精度不高(测量误差引起的空间位置误差达千米量级);如果利用 CEI 干涉测量获得的测角信息融合脉冲雷达的测距信息,可获得较高的定位精度(优于百米),大大提高空间目标监视的效率和定轨精度。

该技术还可作为后续载人登月任务中的月面运动双目标相对测量、月球轨道交会对接相对测量等的重要手段之一。

参考文献

[1] THORNTON C L,BORDER J S. Radiometric tracking techniques for deep-space navigation[M]. New Jersey: John Wiley & Sons,2003.

[2] 川濑诚一郎. 无线电干涉测量与卫星跟踪[M]. 李智,译. 北京: 国防工业出版社,2014.

[3] SALZBERG I M. Tracking the Apollo lunar rover with interferometry techniques [J]. Proceedings of the IEEE,1973,61(9): 1233-1236.

[4] BORDER J S,DONIVAN F F,FINLEY S G,et al. Determining spacecraft angular position with delta VLBI: The voyager demonstration [C]. [S. l.]: AIAA Astrodynamics,1982.

[5] LIEWER K M. DSN very long baseline interferometry system Mark Ⅳ-88[J]. JPL TDA Progress Report,1988,93: 239-246.

[6] 李金岭,张津维,刘鹏,等. 应用于深空探测的 VLBI 技术[J]. 航天器工程,2012,21(2): 62-67.

[7] EDWARDS C D. Angular navigation on short baselines using phase delay interferometry[J]. IEEE Transactions on Instrumentation Measurement, 1989, 38(2): 665-667.

[8] EDWARDS C D,ROGSTAD D,FORT D,et al. The goldstone real-time connected element interferometer[J]. JPL TDA Progress Report,1992.

[9] EDWARDS C D. Goldstone intracomplex connected element interferometry[J]. JPL TDA Progress Report,1990.

[10] KAWASE S,SAWADA. F. Interferometric tracking for close geosynchronous satellites [J]. The Journal of the Astronautical Science,1999,47: 151-163.

[11] MARTIN-MUR T J,KRUIZINGAS G L,BURKHART P D,et al. Mars science laboratory navigation results [C]. Pasadena, California: 23rd International Symposium on Space Flight Dynamics,2012.

[12] RYNE M S,GRAAT E,KRUIZINGA G,et al. Orbit Determination for the 2007 Mars Phoenix Lander [C]. Honolulu: Proceedings of the AIAA Guidance, Navigation,and Control Conference,2008.

[13] 李海涛,于益农,李国民. CEI 测量技术[C]//提高全民科学素质,建设创新型国家——2006 中国科协年会论文集(下册). [S. l.:s. n.],2006: 245-249.

第2章 CEI测量基本原理

2.1 干涉测量基本原理

干涉测量技术是一种使用两个彼此相距较远的测站通过测量遥远的无线电信号源(通常是射电源)发射的信号到达两个测站的几何时间延迟,从而确定信号源角位置的技术,观测到的时间延迟是连接两个天线基线矢量和信号源方向矢量的函数。其基本原理如图 2-1 所示[1]。

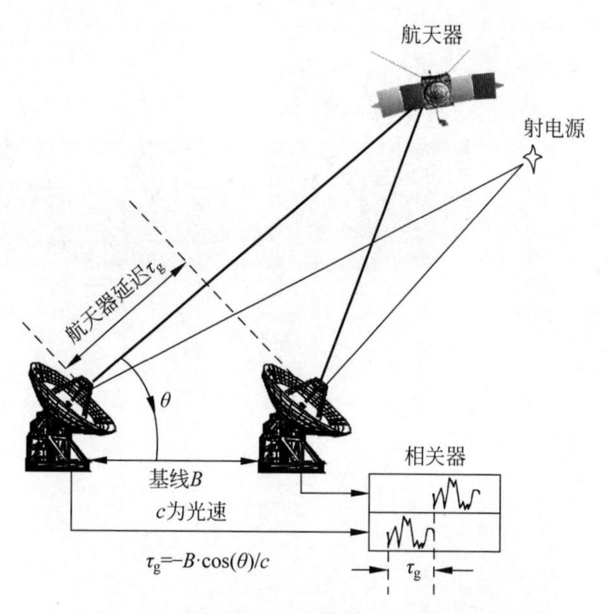

图 2-1 航天器干涉测量基本原理示意图

在图 2-1 中,干涉测量相关器处理的信号来自几何上分离的两个地面测站。从第一个测站到第二个测站的矢量 $\boldsymbol{B}$ 称作“基线矢量”。如果一个外部射电源方向矢量为 $\boldsymbol{s}$,与基线矢量的夹角为 θ,那么可以得到无线电信号源发出的信号波前到达基线两端的时间差近似为

$$\tau_g = -\frac{1}{c}(\boldsymbol{B}\cdot\boldsymbol{s}) = -\frac{B}{c}\cos\theta \tag{2-1}$$

根据式(2-1),在 B 确定的条件下,由 τ_g 测量误差导致的 θ 测角误差可由式(2-2)表示:

$$\Delta\theta = \frac{c}{B\sin\theta}\Delta\tau_g \tag{2-2}$$

可见,测角误差 $\Delta\theta$ 与基线 B 的长度成反比,与 τ_g 的测量误差 $\Delta\tau_g$ 成

正比。因此,若要获得高精度角度测量,可以通过使用更长的基线(即增加 B 的长度)或提高干涉测量时延的测量精度实现,这就是 VLBI 和 CEI 高精度测量技术的基本原理。

对于 VLBI 测量,由于两站相距甚远,无法采用相同的基准频率源,且通过双差分依然难以完全消除电离层和对流层的介质误差,因而难以实现对目标的载波相时延测量,这是由于各种误差源的影响会最终引入到相时延观测量中,带来整周模糊,导致难以正确解算载波相位整周数,因此 VLBI 技术采用群延迟测量。由于基线 B 越长,给定的几何时延误差所引起的角位置误差就越小,因此 VLBI 测量往往需要通过在全球布站来获得较长的基线,如美国 DSN(Deep Space Network,深空测控网)的基线长度在 8000~10 000km,即不超过 1ns 的观测时延误差引起的角误差约为 30nrad。30nrad 的角误差对应到太阳到木星距离在天平面上的位置误差约为 22km。

对于 CEI 测量,虽然基线长度较短,但通过高精度的时间频率传递可以使得各测站采用相同的基准频率源。此外,由于两站之间距离较近,通过双差分能够基本消除电离层和对流层的介质误差,这为获得目标的载波相时延观测量奠定了基础。相时延的精度主要取决于射频信号的频率(一般为吉赫兹量级),群时延的精度主要取决于两信标频率之差,信标通常是 DOR 音(对于 S 频段约为 8MHz,对于 X 频段约为 40MHz[2]),也可以是测距或遥测谐波信号(带宽介于几百千赫兹到几兆赫兹之间)。因此,相时延的精度远高于群时延的精度,这说明利用 CEI 可以获得与 VLBI 精度相近的观测量。

不管是 VLBI 还是 CEI,在实际应用时一般采用差分模式,即交替观测航天器信号和标校源信号,标校源可以是射电源,也可以是另一个航天器信号。对航天器和射电源的观测量是通过对每个跟踪站接收到的无线电信号进行数字采样处理得到的。航天器信号(可以为载波信号、遥测信号、数传信号、DOR 侧音信号等)既可以使用开环技术也可以使用闭环技术提取,射电源信号则只能以开环方式提取。来自两个站的射电源数据采样结果需传输到一个处理中心以便提取延迟观测量。到信号数字化节点之前,必须对航天器和射电源使用相同的设备接收链路。

对于航天器的数据,一般的处理方法为按照名义的测量几何与传输频率计算一个先验的侧音模型相位;然后在频率上进行搜索以锁定真实的侧音频率;最后使用锁相环来提取侧音相位。这个过程在每个跟踪站对每个侧音重复进行。记传输频率 ω_i 的航天器侧音的站间差分相位为 $\phi_s(\omega_i)$,那么航天器的延迟观测量为

$$\tau_g^{SC} = \frac{\phi_s(\omega_2) - \phi_s(\omega_1)}{\omega_2 - \omega_1} \tag{2-3}$$

最外侧两个侧音的频率间隔称作航天器信号的“综合带宽”。

对于射电源的数据处理，对两个跟踪站的每个基带通道上的采样数据进行互相关以生成一个对应于频带中心频率 $\bar{\omega}_i$ 的干涉相位 $\phi_Q(\bar{\omega}_i)$。宽带射电源的干涉相位与一个正弦信号的站间差分相位相似。射电源延迟观测量为

$$\tau_g^{QSR} = \frac{\phi_Q(\bar{\omega}_2) - \phi_Q(\bar{\omega}_1)}{\bar{\omega}_2 - \bar{\omega}_1} \tag{2-4}$$

2.2 CEI测量基本原理

在CEI系统中，最关键的就是对两观测站之间高精度的群时延和相时延的测量。通过干涉测量，利用两站的接收信号可以得到下面两种测量时延：

$$\tau_g = \frac{\phi(t)}{2\pi B} = \tau + \varepsilon_g \tag{2-5}$$

$$\tau_p = \frac{\theta_0}{2\pi f_{RF}} + \frac{N}{f_{RF}} = \tau + \varepsilon_p \tag{2-6}$$

式中，τ_g 表示利用带内有效信号部分得到的群时延，τ_p 表示利用信号载波相位得到的相时延，ε_g 和 ε_p 分别表示群时延和相时延的求解误差项。

受限于信号带宽和相位估计精度，群时延的估计精度不可能无限提高。相时延的估计精度要远高于群时延的估计精度，即 $\varepsilon_g \gg \varepsilon_p$。因此，拟采用相时延估计值来获取高精度的角度测量值，但是相时延存在整周模糊值 N，如何得到准确的整周模糊值 N 就成为高精度相时延求解的关键。然而，由于群时延的精度太差，直接用群时延解相时延的整周模糊值不能得到准确的 N 值，需要先进行处理将群时延的精度提高。

为了解决载波相位模糊的问题，国际上主要有多基线相位参考、频率综合和地球自转综合3种方法。其中，多基线相位参考法的核心思想是利用长短不等的多条基线按照射电天文成图的方法综合求解相位模糊[3-5]，缺点是需要大规模的天线阵列，造价昂贵；频率综合法的核心思想是利用很宽的扩展带宽获得群时延，再进一步确定载波的相位延迟整周模糊，该方法以日本SELENE(月亮女神)任务为代表[6-7]，缺点是必须开展专门的星上频率信标设计，不具备普适性；地球自转综合法的核心思想是利用地球自转的特点，长时间连续测量获得不同方向基线变化进行解模糊[8]，这种模

式比较适合于月球及深空探测任务,不适用于高轨卫星定轨场合。

对于低动态的高轨卫星来说,站间时延差和频差变化相对较小,因此可以在粗轨道预报基础上利用差分观测、群时延测量和载波相位平滑技术,减小系统差和随机差的影响,使得载波相位整周期模糊的解算成为可能。载波相位平滑伪距原理与 GPS(global position system,全球定位系统)载波相位平滑类似,即利用高精度的载波相位测量值作为辅助,进行多点采样和平滑滤波,降低了伪码测量值中大部分随机误差,从而提高了伪距测量的精度,再利用平滑后的伪距求解整周模糊值。

载波相位平滑伪距是结合了伪码测距和载波相位测距各自优点的一种高精度测距方法。虽然利用载波相位进行测距的测量精度很高,但是需要进行整周模糊值的解算且具有较高的复杂度。而相对于高精度的载波相位测距方法而言,伪码测距方法的测距精度虽然较低,但是不存在整周模糊值的解算问题且方法简单易行。第 5 章将对这种方法进行详细的介绍。

2.3 CEI 测量时延协方差分析

协方差分析理论是研究利用某些观测手段解算参数的可解性,并评估考察参数的误差对解算精度影响的一种重要数学工具。该理论被 Tapley 应用于空间大地测量和精密定轨研究,并在航天器定轨精度分析中得到广泛应用[9]。20 世纪 70 年代,美国 JPL 通过对测速、测距观测模型进行简化,形成了求解航天器轨道位置误差协方差的解析方法[10]。在此基础上,V J Ondrasik 针对航天器行星际巡航段飞行动力学特点,通过对引力模型一阶近似,形成了改进方法[11-13]。ΔDOR 和 ΔDOD 等技术应用于航天任务以后,S W Thurman 分析了 ΔDOR 测量误差对航天器赤经、赤纬误差的影响[14-16];J A Estefan 等在对航天器动力学模型更准确建模的基础上引入权矩阵进一步完善了该方法[15-17]。

本节将首先建立 CEI 时延和时延率的简化观测模型,求解 CEI 时延和时延率观测量关于航天器状态的偏导数,获得观测量关于状态量的信息矩阵,并获得角度状态量的误差协方差矩阵。在此基础上,利用测速、测距、CEI 时延和时延率的简化观测模型,求解不同的观测量关于航天器状态的偏导数,获得观测量关于状态量的信息矩阵,以及航天器状态量的误差协方差矩阵。

2.3.1 协方差分析的原理

假设有 n 个独立的观测量 $\boldsymbol{Y}=[y_1 \quad y_2 \quad y_3 \quad \cdots \quad y_{n-1} \quad y_n]^{\mathrm{T}}$,$m(m\leqslant n)$

个待估参数 $\boldsymbol{X}=[x_1 \quad x_2 \quad x_3 \quad \cdots \quad x_{m-1} \quad x_m]^{\mathrm{T}}$。观测量 $\boldsymbol{Y}$ 可以表示为 $\boldsymbol{X}$ 的函数形式：

$$\boldsymbol{Y}=\begin{bmatrix} y_1 \\ y_2 \\ y_3 \\ \vdots \\ y_{n-1} \\ y_n \end{bmatrix}=\begin{bmatrix} \boldsymbol{F}_1(\boldsymbol{X}) \\ \boldsymbol{F}_2(\boldsymbol{X}) \\ \boldsymbol{F}_3(\boldsymbol{X}) \\ \vdots \\ \boldsymbol{F}_{n-1}(\boldsymbol{X}) \\ \boldsymbol{F}_n(\boldsymbol{X}) \end{bmatrix}=\begin{bmatrix} \boldsymbol{F}_1(x_1,x_2,x_3,\cdots,x_{m-1},x_m) \\ \boldsymbol{F}_2(x_1,x_2,x_3,\cdots,x_{m-1},x_m) \\ \boldsymbol{F}_3(x_1,x_2,x_3,\cdots,x_{m-1},x_m) \\ \vdots \\ \boldsymbol{F}_{n-1}(x_1,x_2,x_3,\cdots,x_{m-1},x_m) \\ \boldsymbol{F}_n(x_1,x_2,x_3,\cdots,x_{m-1},x_m) \end{bmatrix} \tag{2-7}$$

下面将根据误差方程求取误差协方差，对式(2-7)进行一阶微分近似后可得：

$$\Delta\boldsymbol{Y}=\begin{bmatrix} \Delta y_1 \\ \Delta y_2 \\ \Delta y_3 \\ \vdots \\ \Delta y_{n-1} \\ \Delta y_n \end{bmatrix}=\begin{bmatrix} \frac{\partial \boldsymbol{F}_1}{\partial x_1}\Delta x_1+\frac{\partial \boldsymbol{F}_1}{\partial x_2}\Delta x_2+\frac{\partial \boldsymbol{F}_1}{\partial x_3}\Delta x_3+\cdots+\frac{\partial \boldsymbol{F}_1}{\partial x_{m-1}}\Delta x_{m-1}+\frac{\partial \boldsymbol{F}_1}{\partial x_m}\Delta x_m \\ \frac{\partial \boldsymbol{F}_2}{\partial x_1}\Delta x_1+\frac{\partial \boldsymbol{F}_2}{\partial x_2}\Delta x_2+\frac{\partial \boldsymbol{F}_2}{\partial x_3}\Delta x_3+\cdots+\frac{\partial \boldsymbol{F}_2}{\partial x_{m-1}}\Delta x_{m-1}+\frac{\partial \boldsymbol{F}_2}{\partial x_m}\Delta x_m \\ \frac{\partial \boldsymbol{F}_3}{\partial x_1}\Delta x_1+\frac{\partial \boldsymbol{F}_3}{\partial x_2}\Delta x_2+\frac{\partial \boldsymbol{F}_3}{\partial x_3}\Delta x_3+\cdots+\frac{\partial \boldsymbol{F}_3}{\partial x_{m-1}}\Delta x_{m-1}+\frac{\partial \boldsymbol{F}_3}{\partial x_m}\Delta x_m \\ \vdots \\ \frac{\partial \boldsymbol{F}_{n-1}}{\partial x_1}\Delta x_1+\frac{\partial \boldsymbol{F}_{n-1}}{\partial x_2}\Delta x_2+\frac{\partial \boldsymbol{F}_{n-1}}{\partial x_3}\Delta x_3+\cdots+\frac{\partial \boldsymbol{F}_{n-1}}{\partial x_{m-1}}\Delta x_{m-1}+\frac{\partial \boldsymbol{F}_{n-1}}{\partial x_m}\Delta x_m \\ \frac{\partial \boldsymbol{F}_n}{\partial x_1}\Delta x_1+\frac{\partial \boldsymbol{F}_n}{\partial x_2}\Delta x_2+\frac{\partial \boldsymbol{F}_n}{\partial x_3}\Delta x_3+\cdots+\frac{\partial \boldsymbol{F}_n}{\partial x_{m-1}}\Delta x_{m-1}+\frac{\partial \boldsymbol{F}_n}{\partial x_m}\Delta x_m \end{bmatrix} \tag{2-8}$$

将式(2-8)简化之后可以表示为

$$\begin{bmatrix} \Delta y_1 \\ \Delta y_2 \\ \Delta y_3 \\ \vdots \\ \Delta y_{n-1} \\ \Delta y_n \end{bmatrix}=\begin{bmatrix} \frac{\partial \boldsymbol{F}_1}{\partial x_1} & \frac{\partial \boldsymbol{F}_1}{\partial x_2} & \frac{\partial \boldsymbol{F}_1}{\partial x_3} & \cdots & \frac{\partial \boldsymbol{F}_1}{\partial x_{m-1}} & \frac{\partial \boldsymbol{F}_1}{\partial x_m} \\ \frac{\partial \boldsymbol{F}_2}{\partial x_1} & \frac{\partial \boldsymbol{F}_2}{\partial x_2} & \frac{\partial \boldsymbol{F}_2}{\partial x_3} & \cdots & \frac{\partial \boldsymbol{F}_2}{\partial x_{m-1}} & \frac{\partial \boldsymbol{F}_2}{\partial x_m} \\ \frac{\partial \boldsymbol{F}_3}{\partial x_1} & \frac{\partial \boldsymbol{F}_3}{\partial x_2} & \frac{\partial \boldsymbol{F}_3}{\partial x_3} & \cdots & \frac{\partial \boldsymbol{F}_3}{\partial x_{m-1}} & \frac{\partial \boldsymbol{F}_3}{\partial x_m} \\ \vdots & \vdots & \vdots & & \vdots & \vdots \\ \frac{\partial \boldsymbol{F}_{n-1}}{\partial x_1} & \frac{\partial \boldsymbol{F}_{n-1}}{\partial x_2} & \frac{\partial \boldsymbol{F}_{n-1}}{\partial x_3} & \cdots & \frac{\partial \boldsymbol{F}_{n-1}}{\partial x_{m-1}} & \frac{\partial \boldsymbol{F}_{n-1}}{\partial x_m} \\ \frac{\partial \boldsymbol{F}_n}{\partial x_1} & \frac{\partial \boldsymbol{F}_n}{\partial x_2} & \frac{\partial \boldsymbol{F}_n}{\partial x_3} & \cdots & \frac{\partial \boldsymbol{F}_n}{\partial x_{m-1}} & \frac{\partial \boldsymbol{F}_n}{\partial x_m} \end{bmatrix}\cdot\begin{bmatrix} \Delta x_1 \\ \Delta x_2 \\ \Delta x_3 \\ \vdots \\ \Delta x_{m-1} \\ \Delta x_m \end{bmatrix} \tag{2-9}$$

这里将式(2-9)记为

$$\Delta \boldsymbol{Y}=\boldsymbol{H} \cdot \Delta \boldsymbol{X} \tag{2-10}$$

设 n 组观测量误差的方差为 $\sigma_{y_1}^2,\sigma_{y_2}^2,\sigma_{y_3}^2,\cdots,\sigma_{y_{n-1}}^2,\sigma_{y_n}^2$，权矩阵为 $\boldsymbol{P}$：

$$\boldsymbol{P}=\begin{bmatrix} \frac{1}{\sigma_{y_1}^2} & 0 & 0 & \cdots & 0 & 0 \\ 0 & \frac{1}{\sigma_{y_2}^2} & 0 & \cdots & 0 & 0 \\ 0 & 0 & \frac{1}{\sigma_{y_3}^2} & \cdots & 0 & 0 \\ \vdots & \vdots & \vdots & & \vdots & \vdots \\ 0 & 0 & 0 & \cdots & \frac{1}{\sigma_{y_{n-1}}^2} & 0 \\ 0 & 0 & 0 & \cdots & 0 & \frac{1}{\sigma_{y_n}^2} \end{bmatrix} \tag{2-11}$$

$\Delta \boldsymbol{X}$ 对应的线性无偏差最小方差估计矩阵为

$$\Delta \bar{\boldsymbol{X}}=(\boldsymbol{H}^{\mathrm{T}}\boldsymbol{P}\boldsymbol{H})^{-1}(\boldsymbol{H}^{\mathrm{T}}\boldsymbol{P}\Delta \bar{\boldsymbol{Y}}) \tag{2-12}$$

根据协方差传播定律，其对应的协方差为

$$\mathrm{Cov}_{\boldsymbol{X}}=(\boldsymbol{H}^{\mathrm{T}}\boldsymbol{P}\boldsymbol{H})^{-1} \tag{2-13}$$

其中 $\boldsymbol{H}=\begin{bmatrix}\frac{\partial \boldsymbol{F}_1}{\partial \boldsymbol{X}} & \frac{\partial \boldsymbol{F}_2}{\partial \boldsymbol{X}} & \frac{\partial \boldsymbol{F}_3}{\partial \boldsymbol{X}} & \cdots & \frac{\partial \boldsymbol{F}_{n-1}}{\partial \boldsymbol{X}} & \frac{\partial \boldsymbol{F}_n}{\partial \boldsymbol{X}}\end{bmatrix}^{\mathrm{T}}$。

$$\mathrm{Cov}_{\boldsymbol{X}}=\left(\begin{bmatrix}\frac{\partial \boldsymbol{F}_1}{\partial \boldsymbol{X}} & \frac{\partial \boldsymbol{F}_2}{\partial \boldsymbol{X}} & \frac{\partial \boldsymbol{F}_3}{\partial \boldsymbol{X}} & \cdots & \frac{\partial \boldsymbol{F}_{n-1}}{\partial \boldsymbol{X}} & \frac{\partial \boldsymbol{F}_n}{\partial \boldsymbol{X}}\end{bmatrix} \cdot \boldsymbol{P} \begin{bmatrix} \left(\frac{\partial \boldsymbol{F}_1}{\partial \boldsymbol{X}}\right)^{\mathrm{T}} \\ \left(\frac{\partial \boldsymbol{F}_2}{\partial \boldsymbol{X}}\right)^{\mathrm{T}} \\ \left(\frac{\partial \boldsymbol{F}_3}{\partial \boldsymbol{X}}\right)^{\mathrm{T}} \\ \vdots \\ \left(\frac{\partial \boldsymbol{F}_{n-1}}{\partial \boldsymbol{X}}\right)^{\mathrm{T}} \\ \left(\frac{\partial \boldsymbol{F}_n}{\partial \boldsymbol{X}}\right)^{\mathrm{T}} \end{bmatrix}\right)^{-1} \tag{2-14}$$

式(2-14)进一步简化后可以表示为

$$\begin{aligned}\mathrm{Cov}_{\boldsymbol{X}} &= \left(\frac{1}{\sigma_{y_1}^2}\frac{\partial \boldsymbol{F}_1}{\partial \boldsymbol{X}}\left(\frac{\partial \boldsymbol{F}_1}{\partial \boldsymbol{X}}\right)^{\mathrm{T}} + \frac{1}{\sigma_{y_2}^2}\frac{\partial \boldsymbol{F}_2}{\partial \boldsymbol{X}}\left(\frac{\partial \boldsymbol{F}_2}{\partial \boldsymbol{X}}\right)^{\mathrm{T}} + \frac{1}{\sigma_{y_3}^2}\frac{\partial \boldsymbol{F}_3}{\partial \boldsymbol{X}}\left(\frac{\partial \boldsymbol{F}_3}{\partial \boldsymbol{X}}\right)^{\mathrm{T}} + \cdots + \right.\\ &\qquad \left. \frac{1}{\sigma_{y_{n-1}}^2}\frac{\partial \boldsymbol{F}_{n-1}}{\partial \boldsymbol{X}}\left(\frac{\partial \boldsymbol{F}_{n-1}}{\partial \boldsymbol{X}}\right)^{\mathrm{T}} + \frac{1}{\sigma_{y_n}^2}\frac{\partial \boldsymbol{F}_n}{\partial \boldsymbol{X}}\left(\frac{\partial \boldsymbol{F}_n}{\partial \boldsymbol{X}}\right)^{\mathrm{T}}\right)^{-1} \\ &= \left(\sum_{i=1}^{n}\frac{1}{\sigma_{y_i}^2}\frac{\partial \boldsymbol{F}_i}{\partial \boldsymbol{X}}\left(\frac{\partial \boldsymbol{F}_i}{\partial \boldsymbol{X}}\right)^{\mathrm{T}}\right)^{-1}\end{aligned} \tag{2-15}$$

其中$\frac{\partial \boldsymbol{F}_i}{\partial \boldsymbol{X}} = \left[\frac{\partial \boldsymbol{F}_i}{\partial x_1} \quad \frac{\partial \boldsymbol{F}_i}{\partial x_2} \quad \frac{\partial \boldsymbol{F}_i}{\partial x_3} \quad \cdots \quad \frac{\partial \boldsymbol{F}_i}{\partial x_{m-1}} \quad \frac{\partial \boldsymbol{F}_i}{\partial x_m}\right]^{\mathrm{T}}, i=1,2,3,\cdots,n$。

假设任意观测量 $y_i, i=1,2,3,\cdots,n$；则信息矩阵可以表示为

$$\begin{cases}\boldsymbol{I}_{y_1} = \frac{1}{\sigma_{y_1}^2}\left(\frac{\partial y_1}{\partial \boldsymbol{X}}\right)\cdot\left(\frac{\partial y_1}{\partial \boldsymbol{X}}\right)^{\mathrm{T}} \\ \boldsymbol{I}_{y_2} = \frac{1}{\sigma_{y_2}^2}\left(\frac{\partial y_2}{\partial \boldsymbol{X}}\right)\cdot\left(\frac{\partial y_2}{\partial \boldsymbol{X}}\right)^{\mathrm{T}} \\ \boldsymbol{I}_{y_3} = \frac{1}{\sigma_{y_3}^2}\left(\frac{\partial y_3}{\partial \boldsymbol{X}}\right)\cdot\left(\frac{\partial y_3}{\partial \boldsymbol{X}}\right)^{\mathrm{T}} \\ \qquad\vdots \\ \boldsymbol{I}_{y_{n-1}} = \frac{1}{\sigma_{y_{n-1}}^2}\left(\frac{\partial y_{n-1}}{\partial \boldsymbol{X}}\right)\cdot\left(\frac{\partial y_{n-1}}{\partial \boldsymbol{X}}\right)^{\mathrm{T}} \\ \boldsymbol{I}_{y_n} = \frac{1}{\sigma_{y_n}^2}\left(\frac{\partial y_n}{\partial \boldsymbol{X}}\right)\cdot\left(\frac{\partial y_n}{\partial \boldsymbol{X}}\right)^{\mathrm{T}}\end{cases} \tag{2-16}$$

n 组观测量包含有待估参数的信息矩阵可以表示为

$$\boldsymbol{I} = \sum_{i=1}^{n}\boldsymbol{I}_{y_i} = \sum_{i=1}^{n}\frac{1}{\sigma_{y_i}^2}\left(\frac{\partial \boldsymbol{F}_i}{\partial \boldsymbol{X}}\right)\cdot\left(\frac{\partial \boldsymbol{F}_i}{\partial \boldsymbol{X}}\right)^{\mathrm{T}} \tag{2-17}$$

将式(2-17)代入式(2-15)，待估参数的协方差矩阵可以表示为

$$\mathrm{Cov}_{\boldsymbol{X}} = \left[\sum_{i=1}^{n}\frac{1}{\sigma_{y_i}^2}\left(\frac{\partial \boldsymbol{F}_i}{\partial \boldsymbol{X}}\right)\cdot\left(\frac{\partial \boldsymbol{F}_i}{\partial \boldsymbol{X}}\right)^{\mathrm{T}}\right]^{-1} = (\boldsymbol{I})^{-1} \tag{2-18}$$

2.3.2 CEI 测量模型和信息矩阵

为了便于分析，选取 J2000 地心天球坐标系作为参考坐标系。航天器的位置 P 和速度 v 以球坐标的形式表示如下：

$$\begin{cases} P = \begin{bmatrix} r \\ \alpha \\ \delta \end{bmatrix} \\ v = \begin{bmatrix} \dot{r} \\ \dot{\alpha} \\ \dot{\delta} \end{bmatrix} \end{cases} \tag{2-19}$$

航天器的状态以球坐标形式表示为 $\boldsymbol{X}_{\text{sph}}=(r,\alpha,\delta,\dot{r},\dot{\alpha},\dot{\delta})^{\text{T}}=\begin{bmatrix} P \\ v \end{bmatrix}$。

测站位置以球坐标形式表示为 $\boldsymbol{R}_{\text{cyl}}=(r_s,\varphi,z_s)^{\text{T}}$，以直角坐标表示为 $\boldsymbol{R}_{\text{sta}}=(r_s\cos\varphi,r_s\sin\varphi,z_s)^{\text{T}}$。

CEI 时延观测量定义为航天器到 2 个测站的光行时之差，考虑到月球轨道航天器距离地面测站较远，因此其模型可进行如下近似：

$$D_1=\frac{\boldsymbol{B}_1\cdot\boldsymbol{s}}{c} \tag{2-20}$$

其中，D_1 为时延，$\boldsymbol{B}_1$ 为基线矢量，$\boldsymbol{s}$ 为航天器地心单位方向矢量，c 为光速。

对于基线矢量 $\boldsymbol{B}_1$，假设 r_{B_1} 为其垂直于地球自转轴的坐标分量，z_{B_1} 为平行于地球自转轴的坐标分量，λ_{B_1} 为基线矢量的赤经，基线矢量以直角坐标形式表示为 $\boldsymbol{B}_1=(r_{B_1}\cos\lambda_{B_1},r_{B_1}\sin\lambda_{B_1},z_{B_1})^{\text{T}}$。航天器的赤经、赤纬分别为 α、δ，则航天器的地心单位矢量为 $\boldsymbol{s}=[\cos\delta\cos\alpha \quad \cos\delta\sin\alpha \quad \sin\delta]^{\text{T}}$，$D_1$ 可表示为

$$D_1=\frac{1}{c}[r_{B_1}\cos\lambda_{B_1}\cos\delta\cos\alpha+r_{B_1}\sin\lambda_{B_1}\cos\delta\sin\alpha+z_{B_1}\sin\delta] \tag{2-21}$$

航天器时延观测量关于位置 P 和速度 v 的偏导数可以表示为

$$\begin{cases} \dfrac{\partial D_1}{\partial P}=\begin{bmatrix} \dfrac{\partial D_1}{\partial r} \\ \dfrac{\partial D_1}{\partial \alpha} \\ \dfrac{\partial D_1}{\partial \delta} \end{bmatrix}=\begin{bmatrix} 0 \\ \dfrac{1}{c}r_B\cos\delta\sin(\lambda_{B_1}-\alpha) \\ -\dfrac{1}{c}(r_B\sin\delta\cos(\lambda_{B_1}-\alpha)-z_B\cos\delta) \end{bmatrix} \\ \dfrac{\partial D_1}{\partial v}=\begin{bmatrix} \dfrac{\partial D_1}{\partial \dot{r}} \\ \dfrac{\partial D_1}{\partial \dot{\alpha}} \\ \dfrac{\partial D_1}{\partial \dot{\delta}} \end{bmatrix}=\begin{bmatrix} 0 \\ 0 \\ 0 \end{bmatrix} \end{cases} \tag{2-22}$$

对式(2-21)两端关于时间 t 求导,时延率的模型近似表达式为

$$\dot{D}_1=\frac{1}{c}\left[-r_{B_1}\dot{\delta}\sin\delta\cos(\lambda_{B_1}-\alpha)+r_{B_1}\dot{\alpha}\cos\delta\sin(\lambda_{B_1}-\alpha)+z_{B_1}\dot{\delta}\cos\delta\right] \tag{2-23}$$

航天器时延率观测量关于位置 P 和速度 v 的偏导数可以表示为

$$\frac{\partial\dot{D}_1}{\partial P}=\begin{bmatrix}\dfrac{\partial\dot{D}_1}{\partial r}\\ \dfrac{\partial\dot{D}_1}{\partial\alpha}\\ \dfrac{\partial\dot{D}_1}{\partial\delta}\end{bmatrix}=\begin{bmatrix}0\\ \dfrac{1}{c}[r_{B_1}\dot{\delta}\sin\delta\sin(\lambda_{B_1}-\alpha)-r_{B_1}\dot{\alpha}\cos\delta\cos(\lambda_{B_1}-\alpha)]\\ \dfrac{1}{c}[-r_{B_1}\dot{\delta}\cos\delta\cos(\lambda_{B_1}-\alpha)-r_{B_1}\dot{\alpha}\sin\delta\sin(\lambda_{B_1}-\alpha)-z_{B_1}\dot{\delta}\sin\delta]\end{bmatrix}$$

$$\frac{\partial\dot{D}_1}{\partial v}=\begin{bmatrix}\dfrac{\partial\dot{D}_1}{\partial\dot{r}}\\ \dfrac{\partial\dot{D}_1}{\partial\dot{\alpha}}\\ \dfrac{\partial\dot{D}_1}{\partial\dot{\delta}}\end{bmatrix}=\begin{bmatrix}0\\ \dfrac{1}{c}r_{B_1}\cos\delta\sin(\lambda_{B_1}-\alpha)\\ -\dfrac{1}{c}(r_{B_1}\sin\delta\cos(\lambda_{B_1}-\alpha)-z_{B_1}\cos\delta)\end{bmatrix} \tag{2-24}$$

根据式(2-22)和式(2-24)可知,时延观测量关于赤经和赤纬的偏导数不为0,关于地心距离偏导数为0,时延观测量中不包含地心距离的信息;时延率观测量关于赤经和赤纬的偏导数不为0,关于地心距离及其变化率的偏导数为0,时延率观测量中不包含地心距离及其变化率的信息。

1. 航天器的 $\boldsymbol{\alpha}$,$\boldsymbol{\delta}$ 误差协方差

假设待估参数 $\boldsymbol{X}_1=[\alpha,\delta]$,由于单基线仅仅对某一方向的角度敏感,通常需要两组基线进行测量。假设另一基线矢量为 $\boldsymbol{B}_2$,对应时延为 D_2。对基线矢量 $\boldsymbol{B}_2$,假设 r_{B_2} 为其垂直于地球自转轴的坐标分量,z_{B_2} 为平行

于地球自转轴的坐标分量，λ_{B_2} 为基线矢量的赤经，基线矢量以直角坐标形式表示为 $\boldsymbol{B}_2=(r_{B_2}\cos\lambda_{B_2}, r_{B_2}\sin\lambda_{B_2}, z_{B_2})^{\mathrm{T}}$。

两组基线可获取两个观测量，分别为 D_1、D_2。

航天器时延 D_1、D_2 观测量包含的轨道信息内容的信息矩阵为

$$\begin{cases} \boldsymbol{I}_{D_1}=\dfrac{1}{\sigma_{D_1}^2}\left(\dfrac{\partial D_1}{\partial \boldsymbol{X}_1}\right)\cdot\left(\dfrac{\partial D_1}{\partial \boldsymbol{X}_1}\right)^{\mathrm{T}} \\ \boldsymbol{I}_{D_2}=\dfrac{1}{\sigma_{D_2}^2}\left(\dfrac{\partial D_2}{\partial \boldsymbol{X}_1}\right)\cdot\left(\dfrac{\partial D_2}{\partial \boldsymbol{X}_1}\right)^{\mathrm{T}} \end{cases} \tag{2-25}$$

其中，$\sigma_{D_1}^2$、$\sigma_{D_2}^2$ 为航天器两组基线的时延误差的方差。

$$\boldsymbol{I}_{\mathrm{CEI}}=\sum_{i=1}^{2}\boldsymbol{I}_{D_i} \tag{2-26}$$

待估参数 $\boldsymbol{X}_1=[\alpha,\delta]$的误差协方差矩阵 $\mathrm{Cov}_{\mathrm{CEI}}$ 可以表示为

$$\mathrm{Cov}_{\mathrm{CEI}}=(\boldsymbol{I}_{\mathrm{CEI}})^{-1} \tag{2-27}$$

进一步，假设两个 CEI 测量量基线时角 H 为 90°。这一假设简化了误差协方差表达式，但是对根据公式获得的结果没有明显的影响。

根据上述步骤可以获得 CEI 信息矩阵，并得到误差协方差矩阵元素的表达式：

$$\sigma_{\delta}^2=\left\{\frac{(r_{B_1}^2+r_{B_2}^2)}{[(r_{B_1}^2+r_{B_2}^2)(z_{B_1}^2+z_{B_2}^2)-(r_{B_1}z_{B_1}+r_{B_2}z_{B_2})^2]\cos^2\delta}\right\}\frac{\sigma_{\mathrm{DOR}}^2}{2} \tag{2-28}$$

$$\sigma_{\alpha}^2=\left\{\frac{(z_{B_1}^2+z_{B_2}^2)}{[(r_{B_1}^2+r_{B_2}^2)(z_{B_1}^2+z_{B_2}^2)-(r_{B_1}z_{B_1}+r_{B_2}z_{B_2})^2]\cos^2\delta}\right\}\frac{\sigma_{\mathrm{DOR}}^2}{2} \tag{2-29}$$

$$\sigma_{\delta\alpha}^2=\left\{\frac{-(r_{B_1}z_{B_1}+r_{B_2}z_{B_2})}{[(r_{B_1}^2+r_{B_2}^2)(z_{B_1}^2+z_{B_2}^2)-(r_{B_1}z_{B_1}+r_{B_2}z_{B_2})^2]\cos^2\delta}\right\}\frac{\sigma_{\mathrm{DOR}}^2}{2} \tag{2-30}$$

2. 航天器的 $\alpha,\delta,\dot{\alpha},\dot{\delta}$ 误差协方差

假设待估参数 $\boldsymbol{X}_2=[\alpha,\delta,\dot{\alpha},\dot{\delta}]$，同样需要两组基线。两组基线可获取四个观测量，分别为 D_1、D_2、$\dot{D}_1$、$\dot{D}_2$。

航天器时延 D_1、D_2 观测量包含的轨道信息内容的信息矩阵为

$$\begin{cases} \boldsymbol{I}_{D_1} = \dfrac{1}{\sigma_{D_1}^2}\left(\dfrac{\partial D_1}{\partial \boldsymbol{X}_2}\right) \cdot \left(\dfrac{\partial D_1}{\partial \boldsymbol{X}_2}\right)^{\mathrm{T}} \\ \boldsymbol{I}_{D_2} = \dfrac{1}{\sigma_{D_2}^2}\left(\dfrac{\partial D_2}{\partial \boldsymbol{X}_2}\right) \cdot \left(\dfrac{\partial D_2}{\partial \boldsymbol{X}_2}\right)^{\mathrm{T}} \end{cases} \tag{2-31}$$

其中，$\sigma_{D_1}^2$、$\sigma_{D_2}^2$ 为航天器两组基线的时延误差的方差。

航天器时延率观测量 $\dot{D}_1$、$\dot{D}_2$ 的信息矩阵为

$$\begin{cases} \boldsymbol{I}_{\dot{D}_1} = \dfrac{1}{\sigma_{\dot{D}_1}^2}\left(\dfrac{\partial \dot{D}_1}{\partial \boldsymbol{X}_2}\right) \cdot \left(\dfrac{\partial \dot{D}_1}{\partial \boldsymbol{X}_2}\right)^{\mathrm{T}} \\ \boldsymbol{I}_{\dot{D}_2} = \dfrac{1}{\sigma_{\dot{D}_2}^2}\left(\dfrac{\partial \dot{D}_2}{\partial \boldsymbol{X}_2}\right) \cdot \left(\dfrac{\partial \dot{D}_2}{\partial \boldsymbol{X}_2}\right)^{\mathrm{T}} \end{cases} \tag{2-32}$$

其中，$\sigma_{\dot{D}_1}^2$、$\sigma_{\dot{D}_2}^2$ 为航天器时延率误差的方差。

$$\boldsymbol{I}_{\mathrm{CEI}} = \sum_{i=1}^{2} \boldsymbol{I}_{D_i} + \sum_{i=1}^{2} \boldsymbol{I}_{\dot{D}_i} \tag{2-33}$$

待估参数 $\boldsymbol{X}_2 = [\alpha, \delta, \dot{\alpha}, \dot{\delta}]$ 的误差协方差矩阵 $\mathrm{Cov}_{\mathrm{CEI}}$ 可以表示为

$$\mathrm{Cov}_{\mathrm{CEI}} = (\boldsymbol{I}_{\mathrm{CEI}})^{-1} \tag{2-34}$$

2.3.3 测距和测速测量模型与联合信息矩阵

根据此前分析可知，对航天器进行CEI测量时，CEI时延和时延率中不包含航天器的地心距离及其变化率 r 与 $\dot{r}$ 的信息，需要对航天器进行测速、测距以及CEI测量。

航天器与地面测站之间的相对位置关系、测站获得航天器的测距模型可以表示为

$$\rho = \sqrt{(x - r_s\cos\varphi)^2 + (y - r_s\sin\varphi)^2 + (z - z_s)^2} \tag{2-35}$$

对于月球及深空航天器，$r_s/r \ll 1$ 和 $z_s/r \ll 1$ 成立。将式(2-35)右端关于 r_s/r 和 z_s/r 展开，略去 r_s/r 和 z_s/r 的高阶项，并且将航天器位置矢量由直角坐标形式替换为球坐标形式，可得测距模型表示如下：

$$\rho \approx r - [r_s\cos\delta\cos(\varphi - \alpha) + z_s\sin\delta] \tag{2-36}$$

航天器的测距量关于位置 P 和速度 v 的偏导数可以表示为

$$\begin{cases}\dfrac{\partial\rho}{\partial P}=\begin{bmatrix}\dfrac{\partial\rho}{\partial r}\\\dfrac{\partial\rho}{\partial\alpha}\\\dfrac{\partial\rho}{\partial\delta}\end{bmatrix}=\begin{bmatrix}1\\-r_s\cos\delta\sin(\varphi-\alpha)\\r_s\sin\delta\cos(\varphi-\alpha)+z_s\cos\delta\end{bmatrix}\\\dfrac{\partial\rho}{\partial v}=\begin{bmatrix}\dfrac{\partial\rho}{\partial\dot{r}}\\\dfrac{\partial\rho}{\partial\dot{\alpha}}\\\dfrac{\partial\rho}{\partial\dot{\delta}}\end{bmatrix}=\begin{bmatrix}0\\0\\0\end{bmatrix}\end{cases}\tag{2-37}$$

对式(2-35)两端关于时间 t 求导数,测速模型的近似表达式为

$$\dot{\rho}\approx\dot{r}-z_s\dot{\delta}\cos\delta+r_s(\dot{\varphi}-\dot{\alpha})\cos\delta\sin(\varphi-\alpha)+r_s\dot{\delta}\sin\delta\cos(\varphi-\alpha)\tag{2-38}$$

其中,$\dot{\varphi}\approx\omega_e$,$\omega_e$ 为地球自转平均角速度。

航天器的测速量关于位置 P 和速度 v 的偏导数可以表示为

$$\begin{cases}\dfrac{\partial\dot{\rho}}{\partial P}=\begin{bmatrix}\dfrac{\partial\dot{\rho}}{\partial r}\\\dfrac{\partial\dot{\rho}}{\partial\alpha}\\\dfrac{\partial\dot{\rho}}{\partial\delta}\end{bmatrix}=\begin{bmatrix}0\\-r_s(\dot{\varphi}-\dot{\alpha})\cos\delta\cos(\varphi-\alpha)+r_s\dot{\delta}\sin\delta\sin(\varphi-\alpha)\\[z_s\dot{\delta}-r_s(\dot{\varphi}-\dot{\alpha})\sin(\varphi-\alpha)]\sin\delta+r_s\dot{\delta}\cos\delta\cos(\varphi-\alpha)\end{bmatrix}\\\dfrac{\partial\dot{\rho}}{\partial v}=\begin{bmatrix}\dfrac{\partial\dot{\rho}}{\partial\dot{r}}\\\dfrac{\partial\dot{\rho}}{\partial\dot{\alpha}}\\\dfrac{\partial\dot{\rho}}{\partial\dot{\delta}}\end{bmatrix}=\begin{bmatrix}1\\-r_s\cos\delta\sin(\varphi-\alpha)\\-z_s\cos\delta+r_s\sin\delta\cos(\varphi-\alpha)\end{bmatrix}\end{cases}\tag{2-39}$$

航天器测距量包含的轨道信息内容可由信息矩阵定义,测距量的信息矩阵为

$$\boldsymbol{I}_\rho=\frac{1}{\sigma_\rho^2}\left(\frac{\partial\rho}{\partial\boldsymbol{X}_{\mathrm{sph}}}\right)\cdot\left(\frac{\partial\rho}{\partial\boldsymbol{X}_{\mathrm{sph}}}\right)^{\mathrm{T}}\tag{2-40}$$

其中，σ_{ρ}^{2} 为航天器测距量误差的方差。

航天器测速量的信息矩阵为

$$\boldsymbol{I}_{\dot{\rho}}=\frac{1}{\sigma_{\dot{\rho}}^{2}}\left(\frac{\partial \dot{\rho}}{\partial \boldsymbol{X}_{\text{sph}}}\right)\cdot\left(\frac{\partial \dot{\rho}}{\partial \boldsymbol{X}_{\text{sph}}}\right)^{\mathrm{T}} \tag{2-41}$$

其中，$\sigma_{\dot{\rho}}^{2}$ 为航天器测速量误差的方差。

航天器时延观测量包含的轨道信息内容的信息矩阵为

$$\boldsymbol{I}_{D_1}=\frac{1}{\sigma_{D_1}^{2}}\left(\frac{\partial D_1}{\partial \boldsymbol{X}_{\text{sph}}}\right)\cdot\left(\frac{\partial D_1}{\partial \boldsymbol{X}_{\text{sph}}}\right)^{\mathrm{T}} \tag{2-42}$$

其中，$\sigma_{D_1}^{2}$ 为航天器时延误差的方差。

航天器时延率观测量 $\dot{D}_1$ 的信息矩阵为

$$\boldsymbol{I}_{\dot{D}_1}=\frac{1}{\sigma_{\dot{D}_1}^{2}}\left(\frac{\partial \dot{D}_1}{\partial \boldsymbol{X}_{\text{sph}}}\right)\cdot\left(\frac{\partial \dot{D}_1}{\partial \boldsymbol{X}_{\text{sph}}}\right)^{\mathrm{T}} \tag{2-43}$$

其中，$\sigma_{\dot{D}_1}^{2}$ 为航天器时延率误差的方差。

$$\boldsymbol{I}_{\text{UCC}}=\boldsymbol{I}_{\rho}+\boldsymbol{I}_{\dot{\rho}}+\sum_{i=1}^{2}\boldsymbol{I}_{D_i}+\sum_{i=1}^{2}\boldsymbol{I}_{\dot{D}_i} \tag{2-44}$$

根据信息矩阵与协方差矩阵之间的关系，可以得到两个航天器在J2000地心天球坐标系下航天器的位置 P 和速度 v 的误差协方差 Cov_{UCC}，其可以表示为

$$\text{Cov}_{\text{UCC}}=(\boldsymbol{I}_{\text{UCC}})^{-1} \tag{2-45}$$

参考文献

[1] CCSDS. CCSDS 500.1-G-1, Delta-DOR—Technical characteristics and performance [S]. Washington D. C.: CCSDS Secretariat, 2013.

[2] CCSDS. CCSDS 401.0-B-29, Radio frequency and modulation systems-Part1: Earth stations and spacecraft[S]. Washington D. C.: CCSDS Secretariat, 2015.

[3] LANYI G E, BORDER J S, BENSON J, et al. Determination of angular separation between spacecraft and quasars with the very long baeline array [J]. JPL Interplanetary Network Progress Report, 2005: 42-162.

[4] 周欢，李海涛，陈少伍，等. 多基线组合求解深空航天器载波相位模糊方法[J]. 宇航学报，2015，36(8): 947-953.

[5] 李海涛，周欢，张晓林. 深空导航相位参考干涉测量技术研究[J]. 宇航学报，2018，39(2): 147-157.

[6] 陈少伍，董光亮，李海涛，等. 同波束干涉测量差分相时延观测模型研究及验证[J]. 宇航学报，2013，34(6)：788-794.

[7] 鄢建国，李斐，刘庆会，等. 同波束 VLBI 技术用于月球双探测器精密定轨及重力场解算[J]. 宇航学报，2010，31(11)：2536-2541.

[8] 陈永强，周欢，李伟，等. 深空探测器单基线干涉测量相对定位方法[J]. 宇航学报，2017，38(6)：605-611.

[9] TAPLEY B D, SCHUTZ B E, BORN G H. Statistical orbit determination[M]. California：Elsvier Academic Press，2004.

[10] CURKENDALL D W, MCREYNOLDS S R. A simplified approach for determining the information content of radio tracking data[J]. Journal of Spacecraft and Rockets，1969，6 (5)：520-525.

[11] ONDRASIK V J, CURKENDALL D W. A first-order theory for use in investigating the information content contained in a few days of radio tracking data[J]. Deep Space Network Progress Report，1971，(3)：77-93.

[12] HAMILTON T W, MELBOURNE W G. Information content of a single pass of Doppler data from a distant spacecraft[J]. JPL Space Programs Summary，1966，(3)：18-23.

[13] THURMAN S W. Information content of a single pass of phase-delay data from a short baseline connected element interferometer[J]. TDA Progress Report，1990，26-38.

[14] THURMAN S W. Deep-space navigation with differenced data types，part Ⅰ：Differenced range information content[J]. TDA Progress Report，1990：47-60.

[15] ESTEFAN J A, THRUMAN S W. Deep-space navigation with differenced data types，Part Ⅲ：An expanded information content and sensitivity analysis[J]. TDA Progress Report，1992：56-73.

[16] ULVESTAD J S, THRUMAN S W. Orbit determination performance of Doppler data for interplanetary cruise trajectories Part Ⅰ：Error analysis methodology [J]. TDA progress report，1992：31-48.

[17] THRUMAN S W. Information content of interferometric delay-rate measurements for planetary orbiter navigation[J]. America Institute of Aeronautics and Astronautics，1990：386-394.

第3章

CEI干涉测量系统设计

3.1 概述

本章主要介绍在实际工程中应用的 S 频段 CEI 测量系统的详细设计方案，该系统主要用于对地球静止轨道卫星进行高精度测角，通过与高精度测距数据相结合，为地球静止轨道卫星的高精度定轨计算提供基本数据。该系统也可用于对中低轨卫星的测角。

系统采用“站内数据采集存储、站间数字传输和中心数据处理”的体系架构，硬件设备主要由短基线干涉测量设备(1 主 2 副)、1 套相关处理设备和 1 套集中监控设备构成，如图 3-1 所示。

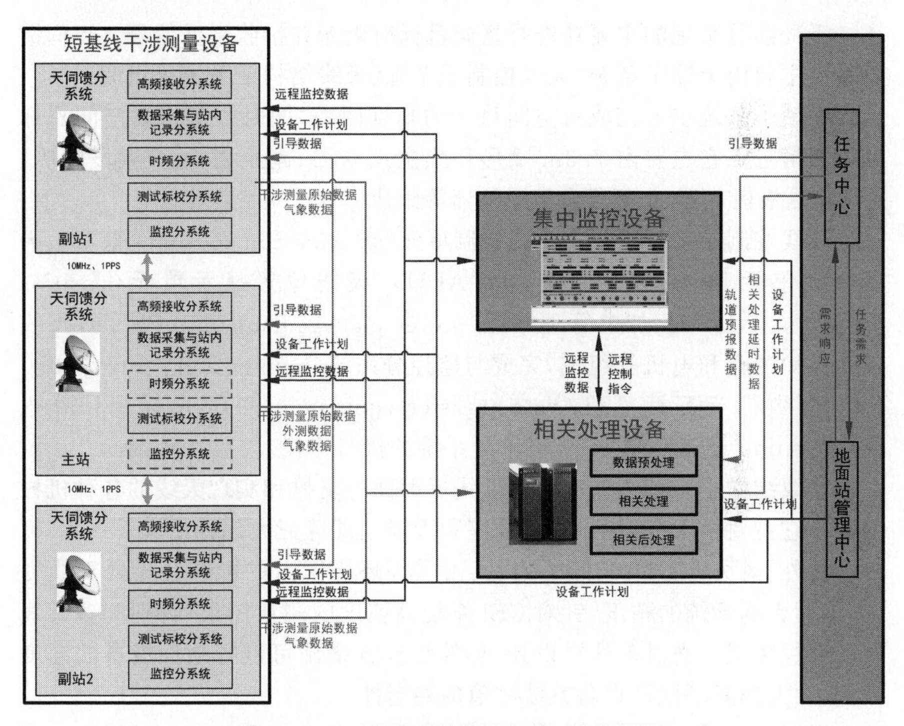

图 3-1 CEI 系统硬件体系架构(后附彩图)

3 个测站的短基线干涉测量设备由天伺馈分系统、高频接收分系统、数据采集与站内记录分系统、时频分系统、测试标校分系统和监控分系统组成。天伺馈分系统负责指向目标航天器并接收下行射频信号；高频接收分系统负责将接收的下行射频信号放大、下变频到中频并滤波；数据采集与站内记录分系统负责将中频模拟信号采样预处理、记录和传输到后端相关处理设备；时频分系统负责提供 3 个站统一的时频信号；测试标校分系统负责对整个链路的系统零值进行标校；监控分系统负责站内设备的状态监控和参数设置。

相关处理设备部署在主站，负责接收3个测站采集的中频数字信号，进行实时相关处理，得到站间高精度的干涉时延，并将时延量送往任务中心进行定轨。

集中监控设备负责整个系统的设备状态统一监视，并根据工作计划对设备进行统一控制。

3.2 天伺馈分系统

天伺馈分系统的主要功能是指向目标航天器并接收微波信号。天伺馈分系统主要由天馈子系统、天线控制子系统、天线结构子系统等组成。

天馈子系统主要完成对空间目标的角度跟踪，同时收集来自空间目标的微弱信号。它主要由7.3m赋形环焦主反射面、副反射面、S频段喇叭、S频段隔板极化器、S频段发阻滤波器等组成。

天线控制子系统主要由天线控制单元(antenna control unit，ACU)、天线驱动单元(antenna driver unit，ADU)、天线位置显示单元(position display unit，PDU)、加电管理单元(power management unit，PMU)、天线安全保护逻辑和电机等组成，完成与监控分系统(monior and control unit，MCU)、数据交互计算机(data transfer equipment，DTE)、标校计算机(caliberation unit，CALU)和时频分系统的接口连接。

天线结构子系统主要完成对天线反射面的支撑和实现天线的各种机械运动。它主要由天线反射体、天线座和天线基础等三大部分组成。

另外，风力、温度、光照不均匀、雨雪等环境因素的影响会导致天线变形，从而影响系统的精度，针对CEI系统高精度的测量需求，特别配备天线罩及环控系统。通过天线罩设计、环控设计等措施可进行地面设备的温度控制，大大提高了地面设备系统零值的稳定性。

天伺馈分系统的常规设计已经比较成熟，这里只简单介绍天伺馈分系统的组成和与干涉测量相关的主要技术指标，重点介绍天线零值稳定性设计及高精度天线参考点测量与建模技术。

3.2.1 设备组成和工作原理

3.2.1.1 分系统组成

天伺馈分系统组成见图3-2。

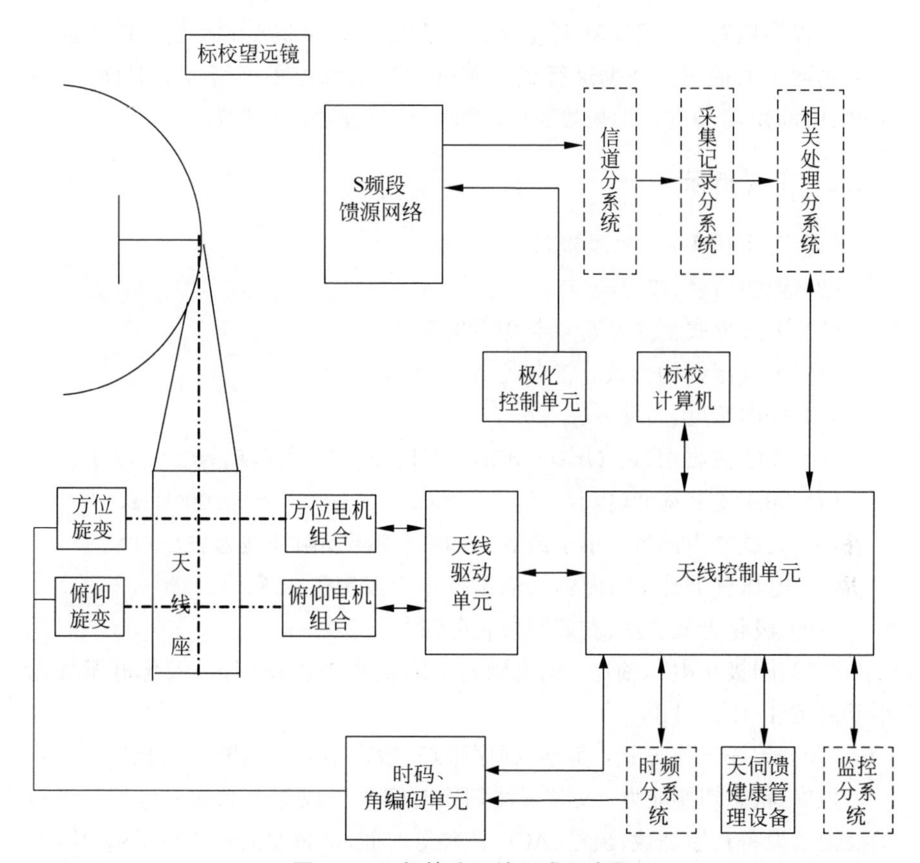

图 3-2 天伺馈分系统组成示意图

3.2.1.2 分系统工作原理

1. 天线接收原理

目标航天器下行的 S 频段电磁波信号入射到天线主反射面后，聚焦反射到副反射面，又经副反射面反射聚焦后进入 S 频段多模馈源喇叭。进入馈源喇叭的 S 频段信号通过微波网络传输到相应的输出端口。

2. 程序跟踪工作原理

分系统具有数字引导、程序跟踪、手动跟踪等多种工作方式，其主要工作方式为程序跟踪。下面对程序跟踪工作过程作简单介绍。

在程序跟踪方式下，ACU 根据中心事先传来的轨道数据（或通过轨道根数算出的轨道数据），按照时间匹配原则从轨道数据中选择时间吻合的轨道点，驱动天线随动该角度。

在程序跟踪方式下，ACU会利用当前时间与轨道点时标之间的差值和程引轨道中的前后点数据进行引导数据的插值和外推。可以对时间、方位角度、俯仰角度等进行加偏修正（偏置时间、角度数值可设置）。

3.2.2 主要指标

（1）工作频率：S频段接收。

（2）天线口径：7.3m。

（3）天线形式：波束波导卡塞格伦天线。

（4）天线座结构形式：转台式A-E型结构。

（5）指向精度：0.1°。

（6）天线接收增益：Gr≥41dBi $+20\lg(F/F_0)$dBi，$F_0=2.200$GHz。

（7）3dB波束宽度（接收）：1.31°×（1±10%），$F=2.200$GHz。

（8）天线噪声温度：小于或等于80K（馈源发阻滤波器输出口）。

（9）电压驻波比：馈源输入输出口小于或等于1.3∶1。

（10）极化方式：左、右旋圆极化分时。

（11）圆极化电压轴比：偏离轴向1dB波束宽度范围内，极化电压轴比小于或等于1.2∶1。

（12）天线工作方式：手动、程序跟踪、数字引导、扫描搜索、指向。

（13）状态切换能力：交替观测切换时间小于或等于2min；包括天线转动及记录设备程序加载、预览、ACU调整等时间（交替观测夹角小于10°）。

（14）天线罩损耗小于或等于0.8dB。

3.2.3 天线零值稳定性设计

因为CEI的测量量就是时延，所以对设备时延稳定性的要求尤为重要。天伺馈分系统中影响时延稳定性的因素主要有：①由太阳光照、温度、重力、风雨、指向变化等因素产生天线形变引起的天线几何时延变化；②天线设计、加工安装精度、选材等引起的天线相心偏差；③由温度变化引起馈源网络、滤波器、馈线等电时延的变化；④天线指向变化引起的馈线拉伸形变导致的电时延变化等。针对上述几个因素给出了相应的稳定性控制措施。

3.2.3.1 天线结构与强度优化设计

天线反射体结构（图3-3）在设计过程中优先考虑的问题是如何提高主反射面刚度和精度、减小变形和减轻整个反射体结构的重量，以保证结构子系统总体性能指标：

(1) 结构型式采用以往工程中成功的设计型式，即辐射梁背架支撑成型面板的型式；

(2) 采用计算机辅助设计，减少结构变形的影响，使结构获得最佳的刚强比；

(3) 采用成熟的工艺成型方法，确保加工、装配顺利。

图 3-3 天线反射体结构设计图

3.2.3.2 天线罩及环控优化设计

天线罩(图 3-4)可以改善天线的工作环境，降低天线驱动装置的设计功率和减少天线转动实际消耗的能源，避免因气候与环境原因造成的设备关机。同时天线罩还可以缓解因气温骤变、太阳辐射、风、潮湿、盐雾等对天线系统的影响。可通过对天线罩及环控进行优化设计来保证天伺馈分系统零值的稳定性。主要采取下面的措施：

1. 低延迟天线罩设计

- 整罩电性能优良。对整罩电性能进行优化设计，单元件二维随机分块。
- 天线罩整罩结构强度和刚度好、抗风能力强。天线罩按照风速67m/s 的指标要求进行设计，保证天线罩在极端气候下结构安全，从而保障罩内各系统的安全。
- 天线罩金属杆件采用常温氟碳喷涂技术，外表美观，环境适应性好，使用寿命长。

图 3-4 天线罩设计

2. 整罩环控设计

对环控进行了优化设计(图 3-5),保证天线罩内空气温度相对稳定,减少因温度变化使天线产生变形进而影响系统精度。

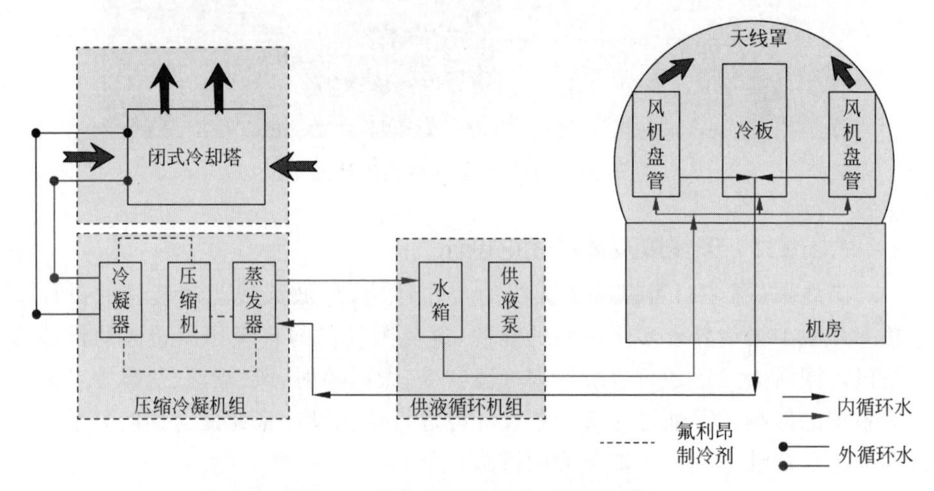

图 3-5 天线罩环控设计(后附彩图)

3. 中心体恒温设计

天线中心体拟安装延迟校准信号产生器等设备,由于中心体内部空间较小,相对密闭,可安装一台空调,用于满足中心体内设备恒温(±2.5°温差)的要求。

3.2.3.3 卷绕电缆的选型、长度控制与加固设计

优化卷绕电缆的选型以及长度控制,加固设计电缆缠绕装置(图 3-6),使电缆在天线转动时按照预定的弯曲半径和运动轨迹进行有序缠绕。

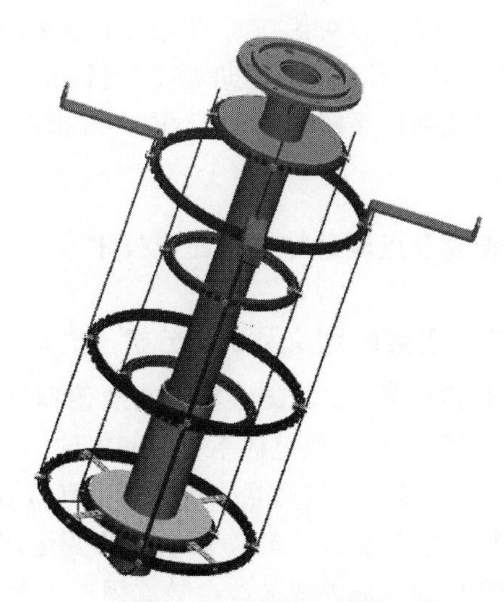

图 3-6 电缆缠绕装置

3.2.3.4 基于激光全站仪的高精度相心测量与变化建模

通过建立本地高精度工程控制网、利用 GPS 和高精度激光全站仪(图 3-7)等工具,采用靶标点坐标观测和归心解算等算法,可实现对天线相心的高精度测量,其测量精度可以优于 2mm。

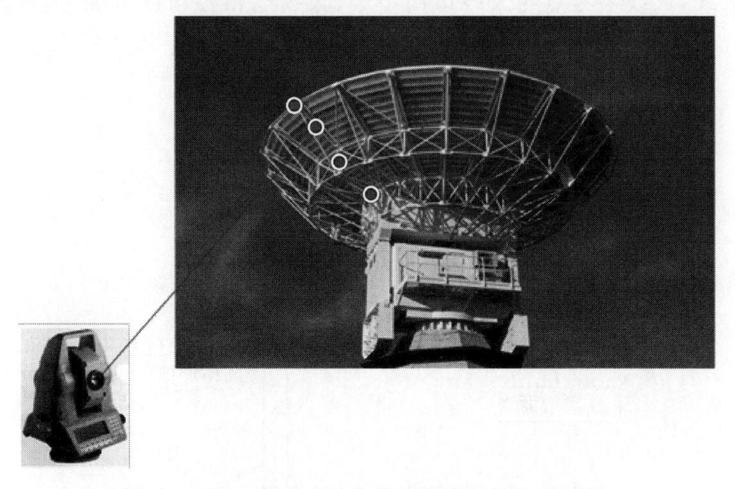

图 3-7 基于激光全站仪的高精度天线相心测量

3.2.3.5 小结

本节重点从天线结构、天线罩环控设计和电缆卷绕设计等方面叙述了天线零值稳定性设计方法，并对影响CEI精度的天线参考点误差进行分析，对天线参考点测量和建模修正方法进行了分析，提出了利用差分GNSS和激光全站仪构建本地测量系统，可以对不同天线指向几何延迟变化进行建模与修正。

3.2.4 高精度天线参考点测量与天线建模技术

3.2.4.1 天线参考点的定义及误差分析

天线参考点[1]是指电轴、方位旋转轴和高度俯仰轴的三轴交汇中心，通常位于天线设备内部，它是天线整体系统空间内的一个几何点，往往无法直接进行定位观测，只能通过间接测量来确定其空间位置，即利用固连在天线系统结构上的靶标位置随着天线转动而发生的变化，解析计算天线参考点的坐标、旋转轴定向、轴线偏差等天线参数。固连于天线上的靶标可以是GPS接收机，通过与局域网中其他GPS接收机的同步观测获得其定位数据；也可以利用自动全站仪，通过测量固连在天线上的合作目标获取其在局域网中的位置数据。

理想天线模型中，固连于地基上的主轴垂直相交于绕主轴旋转的副轴，参考点定义为两轴的(几何)交点，如图3-8所示。对于三轴相交的方位俯仰型天线，天线参考点与天线口面中心、天线电相心均在电轴上，只是相差

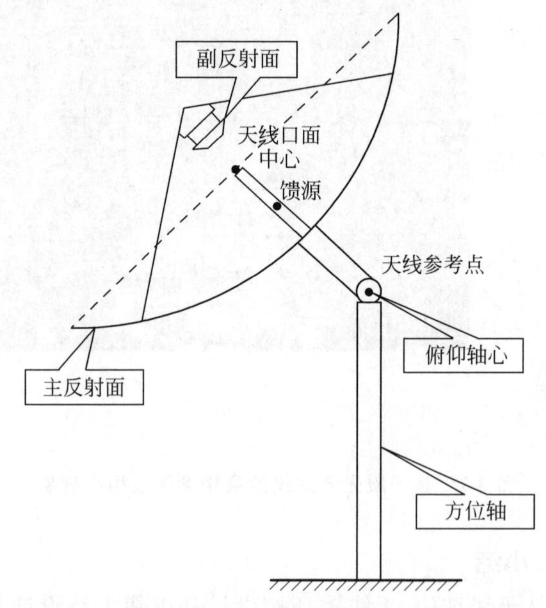

图3-8 天线参考点、几何中心和电相心的相对关系

一个固定时延，但天线参考点理论上是空间中一个固定点，不随着天线指向而变化，因此可作为短基线干涉测量天线的精确站址使用。

实际条件下，大尺度天线面板和支撑架构的机械加工与安装误差、建设施工复杂程度、材料局限性导致的天线重力和温度及压强等形变，都可能导致天线两驱动轴的不相交、不垂直，以及轴线间距随天线定向和随时间的变化，表现为对观测时延的不同影响。通常将参考点（invariably reference point，IRP）定义为两轴公垂线在主轴上的交点，并将公垂线的长度称为"轴线偏差"（axis offset），将方位轴偏移 Z 轴方向的夹角称为"倾斜角"，如图 3-9 所示。由于天线相心变化将直接引起天线参考点的变化，因此可利用天线参考点作为测定轨站址使用。

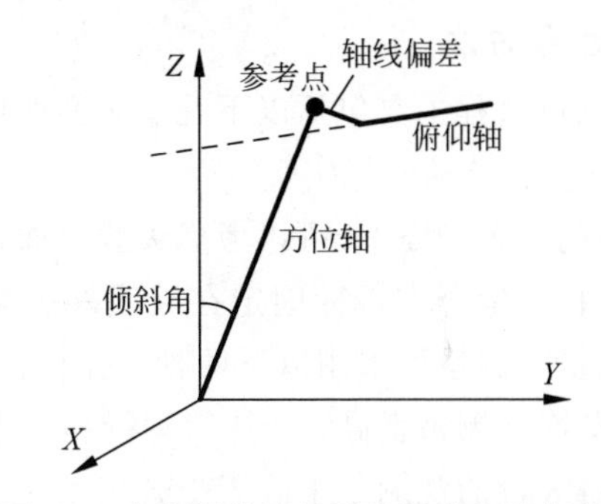

图 3-9 存在误差情况下的天线参考点建模

可能存在的非理想约束为：

（1）方位、俯仰轴并不相交，其轴线偏差为 f；

（2）方位、俯仰轴并不垂直，有一个修正角；

（3）方位轴和 Z 轴并不平行，存在一个倾斜角。

问题将转化为如何将天线坐标系中的某点坐标转换到本地参考坐标系中，与观测量建立一定的数学关系，通过观测量解算得到其中的上述位置参数。

3.2.4.2 天线参考点精度要求及测量方法

CEI 系统测量的是两站之间的时延差，所以天线参考点及天线相心不一致性是影响 CEI 系统测量精度的主要因素之一。天线重力、温度、变形、风、加工安装误差等都将影响不同来波方向的天线相位变化，其可至厘米量级，远无法满足相时延精度要求，需要寻求天线参考点测量和天线精确建模方法。目前，GPS 网和激光全站仪是天线精确建模的主用测量仪器，其中差分 GPS 的测量精度为厘米量级，全站仪测量精度为毫米量级。

1. 天线本地测量坐标系建立

天线本地测量坐标系建立主要是构建亚毫米级工程控制网。构建亚毫米级工程控制网是确保获得天线阵亚毫米级天线参考点的基础。控制网包括平面控制网和高程控制网两部分,平面控制网作为整个天线阵的平面坐标基准,高程控制网作为整个天线阵的高程基准。

采用 GNSS(Global Navigation Satellite System,全球导航卫星系统)进行控制网测量,其优点为测量速度快,不受通视、天气等条件的限制,自动化程度高,减少了人为测量误差的影响,且能够进行连续测量。详细方法请参照《全球定位系统(GPS)测量规范》[2]。

2. 天线参考点测量方法

一般来说,天线测量过程主要包括以下几个方面的标定。

1) 方位平面及方位旋转轴的标定

天线调整到合适的位置和姿态(可以考虑天线口面朝上,自重处于中性状态)进行方位旋转,将测量合作目标固定在天线外边缘,采用高精度全站仪进行不同位置的测量。测量可采用以下两种工作模式中的一种:①天线步停静态测量,这样单次观测精度高;②连续运行锁定跟踪测量,该方法自动化程度高,可以获得大量的观测量来改善拟合精度。

在完成天线圆周运动测量后,对观测目标的运动轨迹进行拟合处理,得到方位平面和方位旋转轴,如图 3-10 所示。

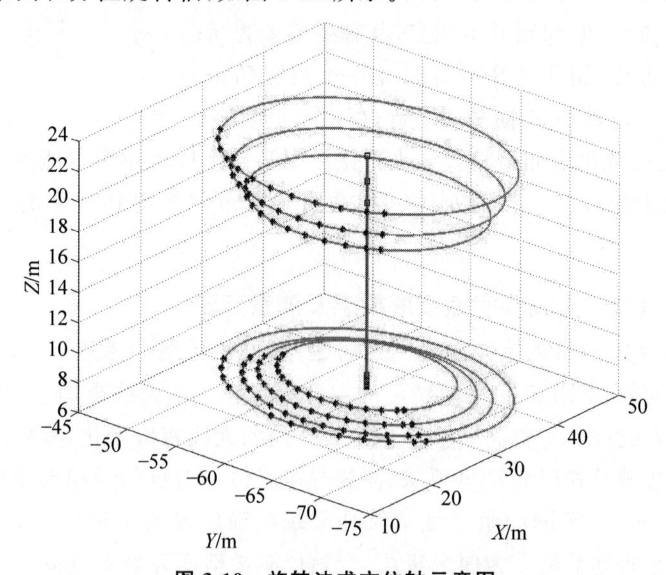

图 3-10 旋转法求方位轴示意图

2）俯仰平面及俯仰轴的标定测量

将天线方位调整到机械零位，天线做俯仰扫描，整个观测过程、观测方法和处理方法与方位轴拟合测量一致。需要注意的是，测站要布设在俯仰轴线方向，便于对观测目标实现全程跟踪观测（合作目标不会因为运动而发生遮挡，棱镜入射角度也几乎不变）。

3）电轴标定测量

保持测站不变的情况下，调整天线口面，正对测站对天线反射面进行观测。方案中拟采用两种方式进行表达：①对反射面进行规划扫描（设置扫描范围和扫描步长），对扫描测量结果进行处理，拟合抛物面电轴。该方法的优点在于无需粘贴合作目标，真正实现了无接触测量，实现了全自动测量，可以获得大量设置点的观测数据，实现对反射面全区域的拟合观测。②粘贴反射片并进行测量。该方法具有精度相对更高的特点，但无法实现自动化观测。实际工程中，基于工作效率和成本的考虑，观测点的设置有限。

4）天线参考点测量

对每台天线分别在方位为60°、180°和300°的位置，俯仰从10°～80°每隔10°进行摄影测量，通过抛物面拟合得到天线的轴线指向，一共得到24条天线轴线。依据最小二乘准则求出距24条轴线的空间交点作为天线的旋转中心。

使用工业摄影测量系统必须配合摄影测量标志，由于每个天线由8块相同的扇形面板组成，故每块面板的标志布设方案相同。在每块面板上共均匀布设18个普通测量标志和1个编码标志。标志分布情况如图3-11(a)所示。为了把工业摄影测量坐标系引入全站仪测量坐标系，需要测量公共点。公共点借助工装交替布设在天线面板边缘的内外侧，另在副面的外端面布设一个公共点。工装的分布如图3-11(b)所示。

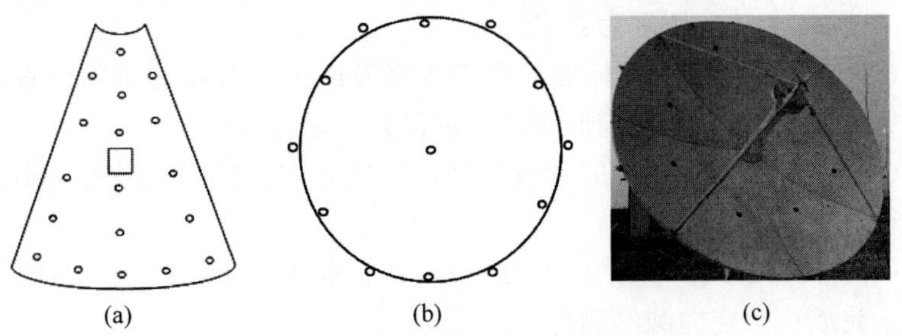

图3-11　摄影测量标志及工装分布图

(a) 标志分布；(b) 工装布设；(c) 标志、工装的实际分布

根据天线参考点测量结果,以方位角和俯仰角为自变量,在本地测量坐标系下建立天线参考点的精确运动模型;根据天线参考点、电相心和相心的理论关系,亦可求出电相心及相心的精确运动模型,并从本地测量坐标系转换到地心坐标系中,以供进行相位改正。

3.2.4.3 天线参考点建模及修正模型

在 VLBI-2010 天线[3]中,天线参考点监测方法应用较为成熟,主要有3D圆拟合方法和传递函数法。对于圆拟合法,它特别限定天线的单向旋转,从局域监测网对天线上安装的多个合作靶标进行定位测量,通过数据解析(圆拟合方法)获得旋转轴在局域网中的位置和定向。测量仪器包括全站仪、经纬仪和激光测距类仪器等。该方法主要是通过使天线位于不同的定向方向时利用3D圆拟合的方法获取圆心的手段,获取天线参考点的信息,如图3-12所示。

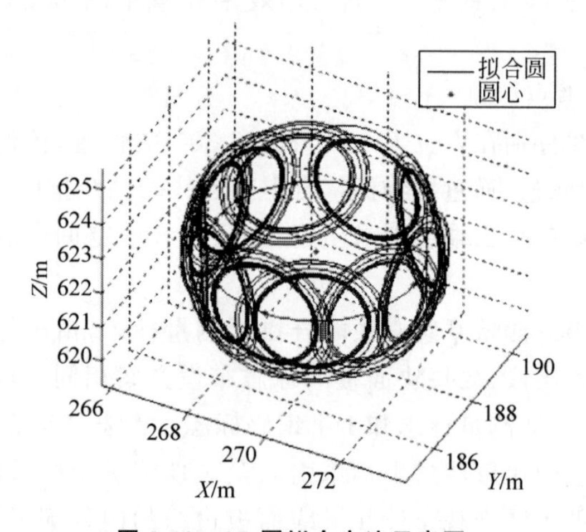

图3-12 3D圆拟合方法示意图

3D圆拟合基本原理为:

(1) 采用多个合作靶标固连在天线座舱或天线背面的不同位置,使天线在不同方位、俯仰角定向时可以测量得到靶标的坐标;

(2) 事先设定好一定的方位俯仰测量闭合定向圆(delta-A,delta-E),其半径由靶标位置决定;

(3) 将天线方位每隔30°平均分为12个测量点位(A_i),在不同的方位点位上完成一个定向圆的测量;

(4) 将天线俯仰(10°～90°)按照一定的间隔分为几个测量点位(E_i),在每个俯仰点位上完成一个定向圆的测量;

(5) 将不同方位上(A_i)的闭合定向圆的测量值进行3D圆拟合获取圆心和半径,利用不同方位定向上的圆心进行平面圆拟合获取水平圆心(X_0,Y_0,Z_k)及其半径;

(6) 在不同俯仰角度(E_i)闭合圆上进行3D圆拟合获取相应的圆心及其半径,将不同俯仰定向圆心进行垂直平面拟合获取垂直圆心(X_0,Y_0,Z_0)和半径。

3.3 高频接收分系统

高频接收分系统包括S频段低噪声放大器、下变频器、本振、开关网络等,主要功能是接收并放大馈源送来的微波信号,经下变频至320MHz,然后送数据采集与站内记录分系统。

低噪声放大器、下变频器、本振和开关网络等设备都属于比较成熟的产品,在此不做详细叙述,只进行简单的设备组成和原理说明。另外,针对CEI系统时延稳定性设计要求,对高频接收分系统各器件的稳定性进行了分析和相应的设计。

3.3.1 主要指标

(1) 输入频率:2200~2300MHz。

(2) 输出中心频率:320MHz。

(3) 场放输入端等效噪声温度:小于或等于60K。

(4) 场放线性度:场放输入端输入两个低于场放1dB压缩点10dB、间隔5MHz的处于接收频带内的载波时,三阶交调比载波功率低50dB。

(5) 干涉测量信道1dB带宽:100MHz。

(6) 提供60dB可变动态范围。

3.3.2 设备组成和工作原理

高频接收分系统(图3-13)包括接收前端、S频段光传输单元、射频开关单元、下行信道和中频开关网络。其中,接收前端包括耦合器和S频段低噪声场放等;下行信道包括下变频器和本振等。单套站内共配置2路S频段低噪声放大器和4路下行信道。天线接收到的信号经馈源网络、开关等送至低噪声放大器,放大后的信号经射频开关单元选切后送下变频器,下变频器输出的中频信号经中频开关网络选择后送数据采集与站内记录分系统。

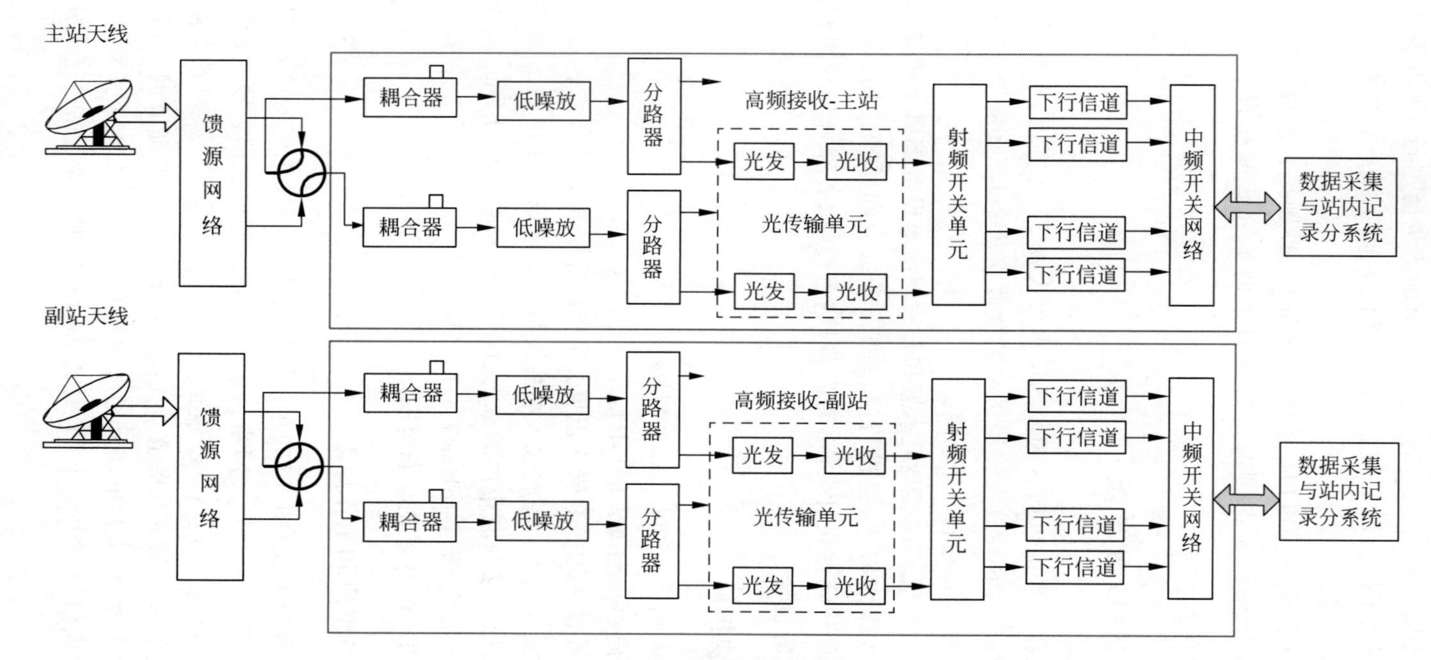

图3-13 高频接收分系统组成框图

S 频段低噪声放大器左右旋互为备份，左右旋各配置 2 路下变频器，共 4 路下变频器。

高频接收分系统以机箱为单位配置监控单元，监控单元对高频接收分系统中的各单元模块进行自动检测、故障诊断、设备状态显示和参数设置及其他操作，并将当前设备状态上报监控分系统。

高频接收分系统中设备的监控单元可设置本控和分控功能。分控方式下，由监控单元对中心体内设备直接进行控制；本控方式下，通过网口接受外部信息的控制。

3.3.3 高稳信道零值稳定性设计

信道设备组成的基本模块主要包括电缆、混频器、滤波器、衰减器等，在信道设备设计中，针对这几种基本模块选择相应的高时延稳定性设计，可以保证信道设备的高时延稳定性。下面对电缆、混频器、滤波器、衰减器等的群时延特性逐项分析，并对信道群时延的稳定性设计方案进行论证。

1. 电缆群时延设计

温度相位稳定性是指电缆组件所处环境温度发生变化或因信号传输损耗产生热量并发生温度变化时，电缆组件电长度发生变化的量。目前国际上主流的电缆厂家使用一定温度范围内电长度变化量占总电长度的比值来表示电缆的相位随温度的变化值，通常这一变化是非线性的。比如常用的聚四氟乙烯介质电缆中的螺旋状扭曲分子链结构在 19℃时会发生相变，严重影响温度相位特性。主流电缆厂家能做到 $-40 \sim 55$℃的稳相特性为 800×10^{-6}。电缆的弯曲状态同样会改变电缆的传输特性，这就需要对电缆的机械相位稳定性进行规范，避免群时延特性出现剧烈变化。

2. 混频器、衰减器群时延设计

如表 3-1 所示，混频器对时延的影响更多体现在对群信号时延的影响，其对于单一频点的时延影响可以忽略不计。

表 3-1 混频器的时延特性

名称	工作频率/GHz	形式	中心时延/ns	群时延/(ns/30MHz)
混频器	2.2～2.3	单平衡	0.06	0.03
		双平衡	0.08	0.03
		三平衡	—	—

图 3-14 给出了 HMC424 数控衰减器在不同衰减量和不同频率下相位的变化。不同芯片的衰减相位特性是不同的，应尽量选择不同衰减量下相位变化小的衰减器。根据图 3-14 可以查到，在 2.3GHz 上 0.5dB 衰减与 31.5dB 衰减相位差约为 25°，产生的时延变化约为 0.032ns，在相同的衰减设置下，群时延变化小于 0.001ns。

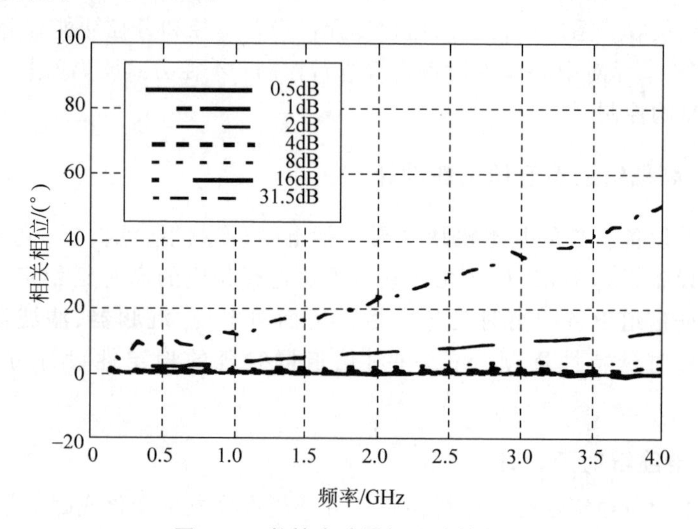

图 3-14 数控衰减器相位特性曲线

混频器和数控衰减器对整个链路的群时延影响远小于滤波器的群时延效应，设计中可以忽略。

3. 滤波器群时延设计

在高频接收分系统设计时，为了有效抑制干扰信号，需要在各级变频环节上增配射频与中频滤波器，由于滤波器的选频特性，带来了器件对不同频率信号的不同时延，从而造成了接收带内群时延波动。通常滤波器的时延特性是一个以中心频率对称的倒抛物线形状，在中心频率附近，群时延波动最小，而到滤波器过渡带后，群时延波动开始增加。

在滤波器设计中，采用巴特沃斯滤波器，其具有带内幅频特性平坦、群时延波动小的特点，工程经验表明，通过合理的分配和设计，各频段接收链路群时延波动、群时延线性变化、抛物线变化能够满足要求。

表 3-2 给出了不同形式的滤波器总时延以及群时延波动的值，虽然线性相移滤波器表现出最小的时延波动，但其对带外信道的抑制也是最差的，这就需要合理规划频率配置，以减小滤波器的带外抑制压力。

表 3-2 滤波器的时延特性

名称	工作频率/GHz	形式	中心时延/ns	群时延/(ns/30MHz)
滤波器	2.2～2.3	切比雪夫	27	1.0
		巴特沃斯	20	0.1
		线性相移	5	0.01

4. 信道群时延特性设计总结

根据前面的分析,信道模块中电缆、混频器、衰减器等对链路群时延的影响较小。在设计中重点考虑滤波器群时延。

1) 宽带信道化设计

通过宽带信道化设计,可提高信道群时延的稳定性。

2) 各级滤波器的选型及优化设计

不同材质的滤波器的温度时延波动不同。腔体滤波器受影响最小;LC 滤波器受电感、电容温度特性的影响,时延波动最大;同样的原因,声表面波滤波器时延受环境温度的影响也很大。

根据链路带宽设计,射频滤波器设计带宽为 140MHz,图 3-15 为射频滤波器频率响应,图 3-16 为射频滤波器群时延仿真结果;中频滤波器设计带宽为 140MHz,图 3-17 为中频滤波器频率响应,图 3-18 为中频滤波器群时延仿真结果。

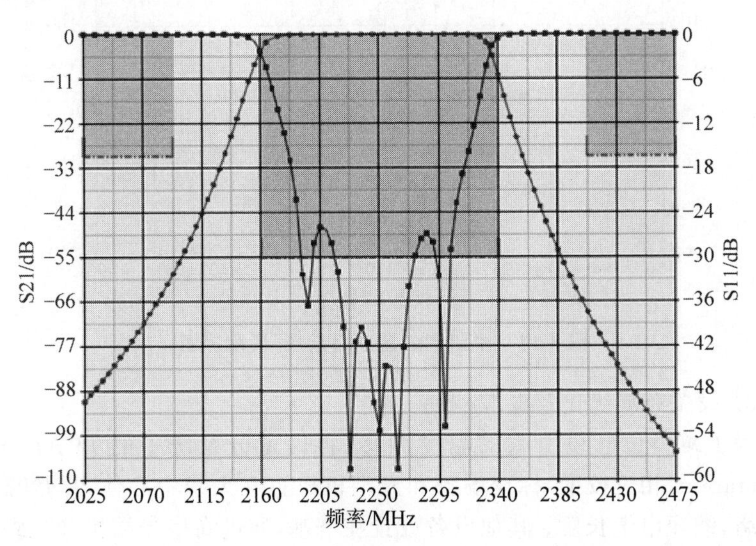

图 3-15 射频滤波器频率响应(后附彩图)

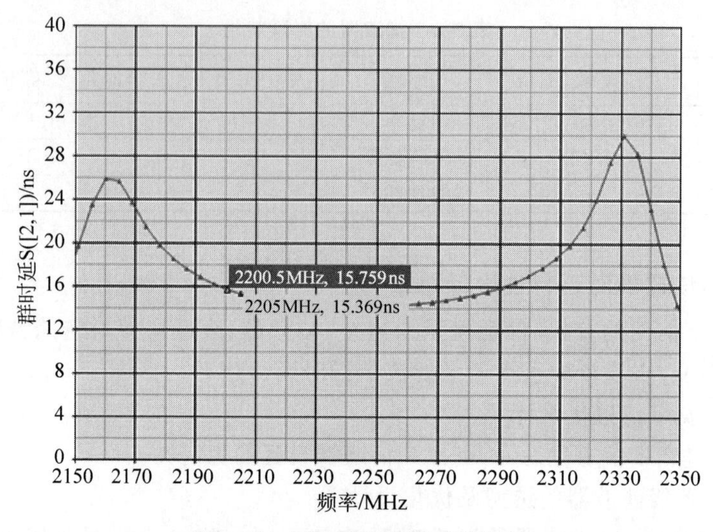

图 3-16 射频滤波器群时延仿真

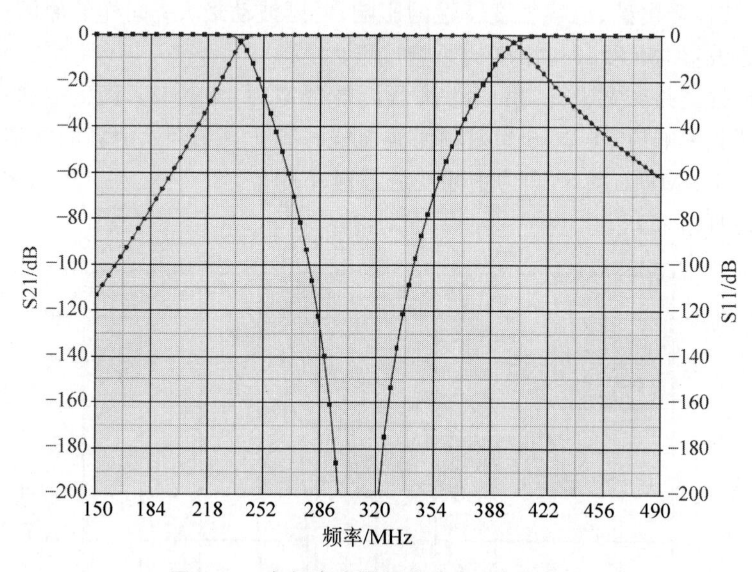

图 3-17 中频滤波器频率响应(后附彩图)

3）设备布局优化及电缆控制

为了减小长电缆引入的温度漂移，将信道分系统中的PCAL(phase caliberation，相位校准)标校设备和光端机放置在天线中心体，尽量靠近馈源网络，缩短电缆长度；其他设备放置在塔基，通过高稳光端机和光缆稳相的方式传输S频段射频下行信号，以提高时延稳定性、减小电缆传输引入的误差(图3-19)。

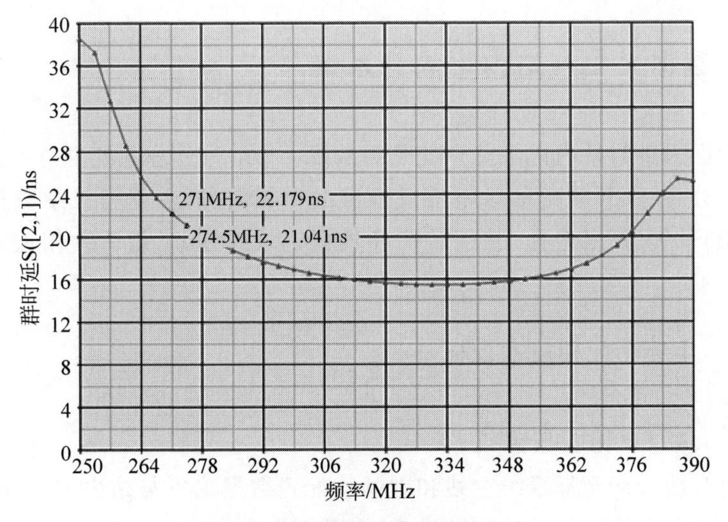

图 3-18　中频滤波器群时延仿真

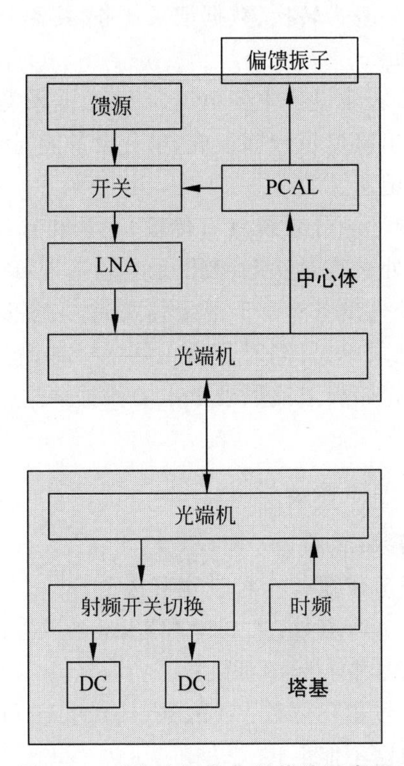

图 3-19　设备布局与光纤传输示意图

3.4 数据采集与站内记录分系统

数据采集与站内记录分系统是短基线干涉信号处理系统主链路的重要组成部分，接收干涉测量射频信道输出的中频信号，主要完成中频信号调理、数据采集、频道选择、基带转换和数据记录等任务，是后续相关处理的基础。

3.4.1 主要功能和技术指标

3.4.1.1 功能与组成

短基线干涉测量系统主站和副站均配置数据采集与站内记录分系统，各含3台数据采集与站内记录设备，主要用于完成100MHz带宽内航天器信号的数据采集、数字基带转换、数据记录任务，具备干涉测量、开环测量原始数据采集记录能力。

数据采集及基带转换设备主要由工控机、数据采集与基带转换单元、数据记录单元、输入输出接口板卡等组成，单台设备能同时完成2路信号的数据采集、基带转换与记录。

数据采集与站内记录分系统具有传输、记录和重放三种工作方式。处于传输模式时，记录处于直通状态，数据采集及基带转换单元将采集数据直接送干涉测量相关处理设备；处于记录模式时，采集及基带转换单元将采集数据直接送数据记录单元，同时分出1路送干涉测量相关处理设备；处于回放模式时，数据存储板卡读取硬盘中的数据并进行协议转换后送相关处理设备。

3.4.1.2 技术指标要求

(1) 中频输入路数：2路。

(2) 视频信号通道带宽：15种带宽可选。

(3) 视频信号输出通道数：可灵活配置，最多可进行16个通道的测量。

(4) 输出视频信号中心频率可设置。

(5) 输出视频信号量化位数：16b、8b、4b、2b、1b可设置。

(6) 基带信号频谱不能翻转。

(7) 记录数据流路数：16路。

(8) 单路最大记录速率：64Mb/s。

(9) 具有传输、记录和重放三种工作方式。

(10) 对外接口兼顾 VSI-H、VSI-S 和 VSR 接口标准。

(11) 支持 e-干涉测量数据传输网络接口标准。

3.4.2 设备组成和工作原理

3.4.2.1 分系统组成

数据采集及基带转换设备包括工控机、数据采集与基带转换单元、数据记录单元、输入输出接口板卡(数据传输板)等。单台设备具备 2 路中频信号的采样、数字基带变换(digital base band converter,DBBC)、数据格式编辑、实时存储、实时数据传输、事后数据传输、事后数据备份及恢复、基带信号监视、远程监控等功能,分系统总体框图如图 3-20 所示。

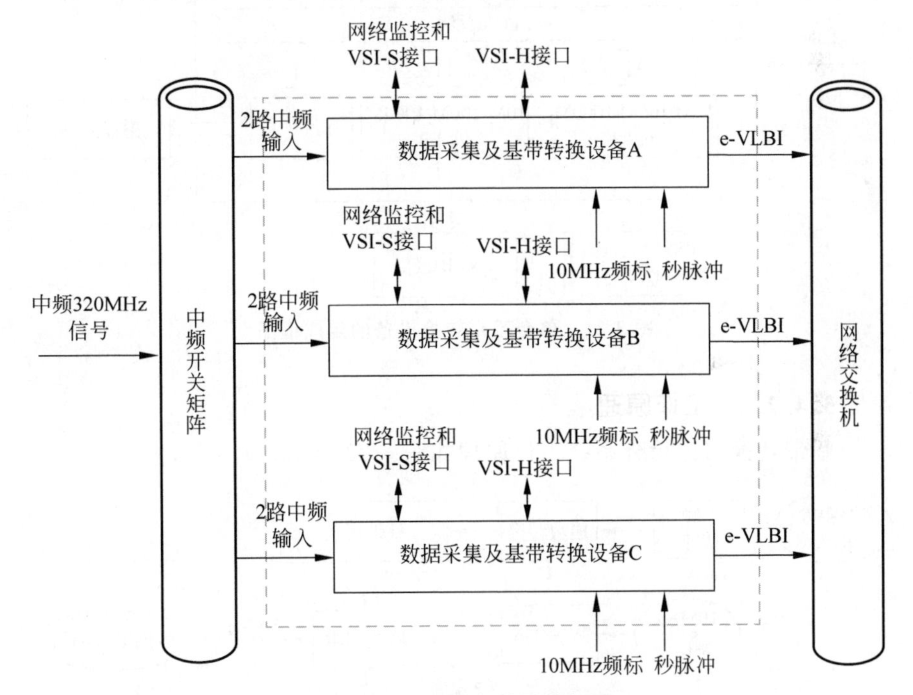

图 3-20 分系统总体结构框图

数据采集及基带转换设备主要由支持高速 PCIe 总线的高性能工控机、信号调理板、数据采集与基带转换板、输入输出接口板卡及磁盘阵列等构成,如图 3-21 所示。信号调理板对输入中频模拟信号进行调理,包括 AGC(automatic gain control,自动增益控制)、滤波及数据采样时钟频率合成等；数据采集与基带转换板完成对中频信号的采样、量化、编码、基带转换、数字滤波、上下边带选取、数据格式编辑、数据缓存等工作；磁盘阵列用于存储基带数据。分系统接收中频模拟信号、秒脉冲信号、10MHz 频标等信号，并通过 e-VLBI 接口(网口)向主站相关处理机传输基带数据，通过 VSI-H 协议接口(MDR-80 和 MDR-14 接口)同外部交换数据，通过 VSI-S 协议接口(网口)接收对记录器的指令并上报记录器状态，通过网口(与 VSI-S 协议接口合用一个网口)完成对整个分系统的监控。

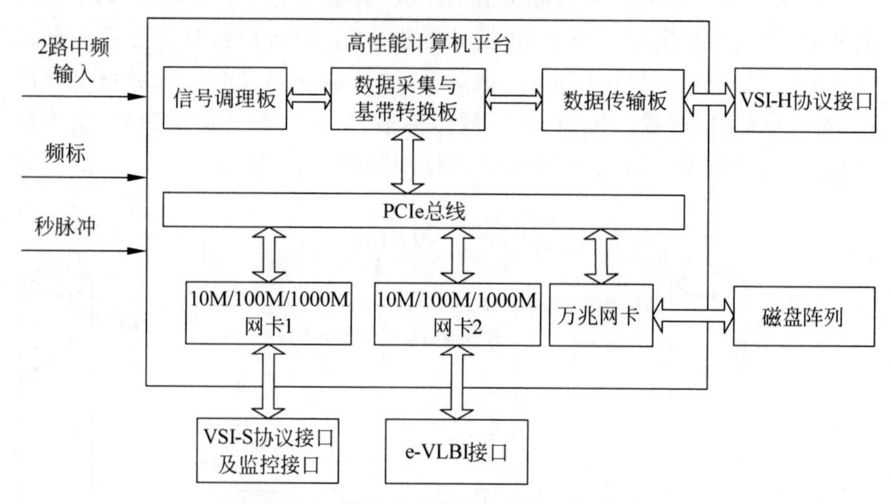

图 3-21 单台基带转换设备的组成框图

3.4.2.2 工作原理

基带转换与记录分系统工作原理如图 3-22 所示。

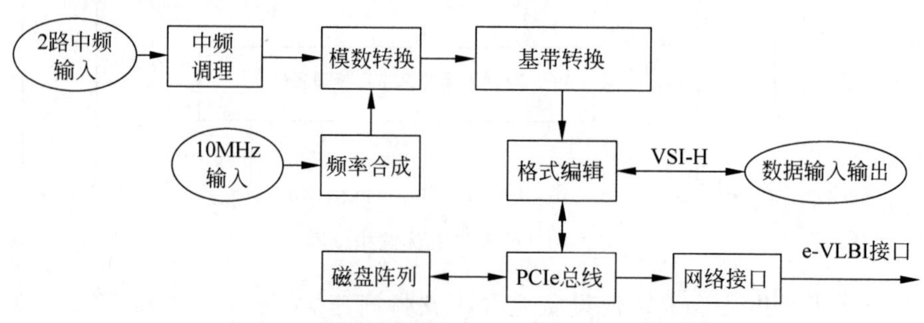

图 3-22 基带转换与记录分系统工作原理框图

设备接收来自中频开关矩阵的中频信号，信号带宽为 100MHz。中频信号经过信号调理模块的 AGC、滤波等调理后输出，调理信号输入数据采集与基带转换板并进行2048MHz采样,采样后的数字信号通过基于多相滤波与FFT的方法和数字正交下变频的方法建立最多16个中心频率可调的数据通道,每个通道带宽1kHz～64MHz可选,记录位数1b、2b、4b、8b、16b可选。每台设备能够监视本分系统内部参数和工作状态,并将采集的各类信息通过网络接口上报给系统监控计算机;设备能够完成本分系统内部参数的设置,接受并执行系统监控计算机对本分系统的指令,兼容VSI-S协议。

3.4.3 CEI宽带数据采集与基带转换技术

CEI系统用于对不同的观测卫星进行高精度的测量,各卫星下行信号频点不同,为了兼容更多的目标并实现更高的信息速率,系统采用了宽带数据采集技术。

同时,为了提高测量精度并降低传输带宽,需要将宽带采集信号进行基带转换,采用多子带并行处理和带宽综合的方法。对于SBI模式下不同频点的多个下行信号,也需要从宽带采集信号中将不同子带的信号分离出来。

因此,数据采集的关键技术为:①宽带数据采集技术;②系统同步采集技术;③多子带的时延一致性设计;④任意频点任意带宽可设的数字基带转换技术。

3.4.3.1 宽带采集设计

干涉测量时延测量精度取决于记录信号的有效带宽。为了在有限的记录速率下得到更高的时延测量精度,需采用带宽综合方法,即从整个观测频带中选取一系列带宽较窄的频带,通过这些窄带信号合成一个较大的有效带宽,以获得更高的时延测量精度。

为保证无盲区信道化可观测带宽,DBBC设计中采用2048Msps采样率,可完成对中频320MHz,带宽512MHz信号的采集记录。

3.4.3.2 系统同步采集技术

DBBC同步采集误差会对两个观测站接收系统之间的时延差产生影响。为消除同步采集误差,需对时钟、ADC(analog to digital converter,模数转换器)和FPGA(field programmable gate array,现场可编程门阵列)进行同步处理(图3-23):

(1) 在1PPS秒脉冲的控制下,同步复位时钟,使之输出的采样时钟始终与1PPS秒脉冲有固定的相位关系;

(2) 在1PPS秒脉冲的控制下,同步复位ADC,使之输出数字信号始终与输入模拟信号之间有固定的时间延迟；

(3) 在1PPS秒脉冲的控制下，同步复位DBBC的各个FPGA单元模块，使各单元处于等待状态。在同步复位后，将ADC采样数据流标记为有效状态，DBBC即刻开始工作。

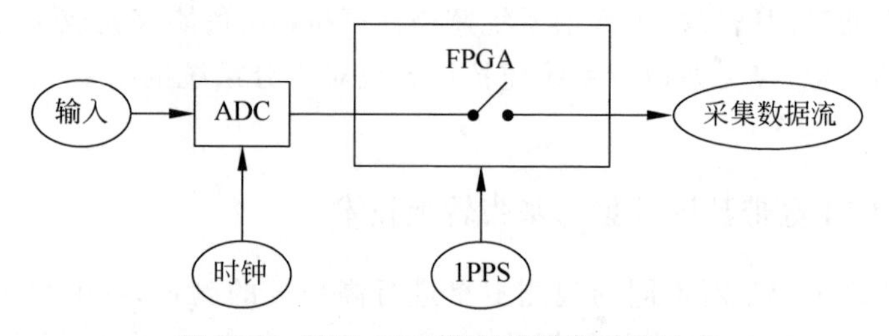

图3-23 基于1PPS信号的同步采集技术

3.4.3.3 DBBC子通道时延一致性设计

DBBC作为一个测量系统，在工作环境和温度不变的情况下，应当具有稳定一致的时延。影响DBBC系统时延一致性的因素包括子通道时延和同步采集误差。

子通道时延对DBBC及测量结果的影响主要体现在四个方面：一是子通道时延会造成DBBC不同子通道输出信号相频特性之间出现"相位阶梯"现象，导致无法通过各子通道输出得到接收系统模拟链路在整个观测带宽内的相频特性。二是对于采用多相滤波器和正交混频相结合的DBBC而言，子通道时延会影响带宽综合处理精度，造成较大的几何时延测量误差。三是子通道时延随着基带输出信号带宽的减小而不断增大，从而造成DBBC系统时延的大幅变化，需要不断进行标校。四是较大的子通道时延会造成PCAL信号出现相位模糊，在数据后处理时，需要进行额外的解模糊处理。

子通道相位误差产生的根本原因是分路后不同子通道本振频率不同，破坏了分路前原有信号之间的频率关系。不同频率的信号经过相同时延后相位变化不同，从而使各子通道的相位值与标称值之间产生了一个固定的相位差。

由于数字基带转换功能是在FPGA中实现的，对于数字电路而言，其自身固有的时延值是不变的。因此，基带转换方案一旦确定，就可以根据具体的实现方案计算分路后子通道各个模块的时延值，各个模块时延值之和，就是分路后整个子通道的时延值。

在设计中采用实时补偿方法对时延进行补偿。在FPGA内部通过设计相应的时延补偿模块对各子通道数字滤波器产生的群时延进行实时补偿，可直接在DBBC内部将子通道时延补偿为零，大大减小了DBBC的时延值，保证了DBBC数字电路部分的时延一致性，使得DBBC时延不随输出信号带宽的变化而变化；同时该方案不引入其他时延，实现“零延迟”，减小了后端数据处理的计算量。

3.4.3.4 任意频点任意带宽可设置的数字基带转换

常用的子带生成方法有正交下变频加数字滤波器和多相滤波加FFT均匀信道化两种[4-6]。多相滤波加FFT均匀信道化方法具有高效、实现简单的优点，其在信号处理前端首先进行信号抽取，因此信号处理速率较低，便于实现。但由于该方法对信道均匀划分，输出信号中心频率和带宽不可任意改变，无法实现500kHz～64MHz带宽可变及子带中心频率10Hz步进的要求；且该方法存在信号处理盲区，若所需信号处于盲区则会造成输出信号失真。正交下变频加数字滤波器的方法具有中心频率和输出带宽灵活可变的优点，但在2048MHz的高采样率下，前端正交下变频的NCO(numberically controlled oscillator，数控振荡器)实现难度较大，且前端数字信号处理速率较高，难以实现。

结合两种子带生成方法的优点，设计了一种两者相结合的子带生成算法。首先，让2048Msps的数据流经过无盲区的均匀信道化接收，发挥该方法的高效优势，输出256Msps的基带信号(I/Q复信号)，通道数为8，分析带宽为256MHz；随后根据任务要求，计算所需信号的频率范围，根据该频率范围确定信号所在通道，并将该通道信号交由下一级处理；最后采用正交下变频加数字滤波器的方法，通过中心频率可调的NCO和输出带宽可变的数字滤波器，满足输出子带信号带宽和中心频率任意可变的要求。数字中频数据采集及基带转换算法总体框图如图3-24所示。

输入中频信号速率为2048Msps，该信号由多相滤波加FFT结构进行无盲区信道化接收，多相滤波加FFT算法的核心是如何划分信号，为了实现子带中心频率可变，设计无盲区信道频率划分。由于输入信号为实信号，因此其频谱在0～1024MHz和1024～2048MHz之间是互为镜像的。利用频谱互为镜像的关系，等效在0～1024MHz可分析带宽内均匀划分了8个信道，且相邻信道重叠，保证滤波器通道能够无盲区覆盖64MHz带宽，因此能够实现无盲区信道化接收。

3.4.3.5 开机一致性设计

为了保证系统的稳定性，希望采集记录设备每次开机都能保持同步且

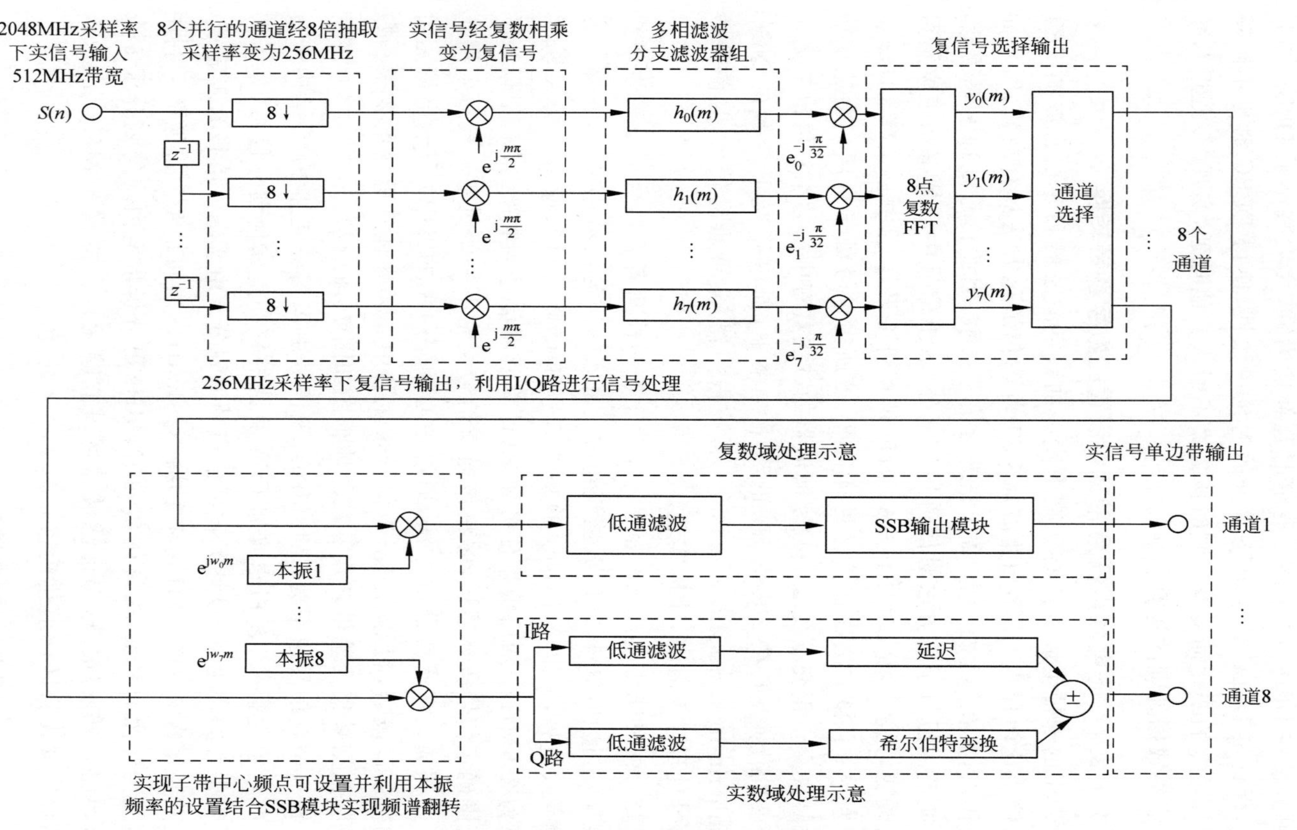

图 3-24 基带转换算法总体实现框图

时延一致,可采用图 3-25 的方案,利用同步的 1PPS 信号和频标信号同步 ADC 采样芯片和 FPGA 处理时序。

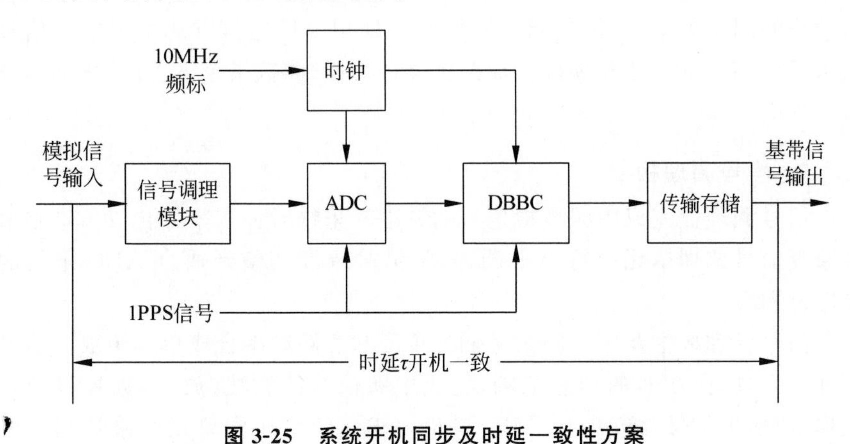

图 3-25 系统开机同步及时延一致性方案

3.4.4 实施方案

3.4.4.1 硬件平台

每台数据采集及基带转换设备能够完成 2 路中频输入信号的高速数据采集、VSI/VSR 基带转换、数据传输记录等功能。下面将从 CPCI 工控机、数据采集与基带转换板、信号调理板、数据传输板和动态加载配置电路五方面详细介绍基带硬件平台实施方案。

1. CPCI 工控机

CPCI 工控机作为基带硬件的载体,为基带板卡提供 PCIe 通信接口、电源,是基带软件与基带硬件的联系平台,同时还是基带软件与监控分系统通信的终端设备。

本方案中工控机为 4U 高标准机箱,机箱深度为 320mm,宽度为 440mm。工控机的 PCIe 与主板内存之间的数据传输通道和万兆网接口与主板内存之间的数据传输通道相互独立,这克服了传统总线复用计算机结构在实现高速数据传输和存储方面的缺陷。而且主板上的高性能四内核 CPU 具有强大的数据处理性能,主板经 XMC 接口通过万兆网卡为高速大容量磁盘阵列提供了硬件支持。

2. 数据采集与基带转换板

数据采集与基带转换板是数据采集及基带转换设备的核心,采用通用化设计,由高采样率 ADC、FPGA、时钟管理、电源转换电路等组成。该板卡含有采样率高达 5Gsps 的高速 ADC 器件及大容量 FPGA,可实现 2 路中频信号的同步采集,与信号调理模块之间采用串口通信方式实现中频信号的电平动态调整。监控软件完成配置文件加载、参数指令下发、数据通信及状态查询。

3. 信号调理板

信号调理板完成中频模拟信号的调理和采样时钟频率的合成。中频信号通过信号调理单元进行电平调理,将信号幅度调整到适合 ADC 采集的幅度范围。

信号调理板主要由 2 路信号调理单元和 1 路频率合成单元组成。信号调理单元具有 60dB 的动态范围,完成中频信号的滤波、放大、数控衰减等工作,使输出信号强度满足 ADC 采集要求。频率合成单元由系统提供的 10MHz 参考源作为频率基准,产生数据采集与基带转换单元所需要的工作时钟。

4. 数据传输板

数据传输板提供数据采集与基带转换板向 Mark 5B 系统进行高速数据传输所需的接口,包括 CEI 标准接口及扩展接口。数据传输板采用 CPCI 后 IO 板形式,所有接口均通过 CPCI 同数据采集与基带转换板相连,实现数据传输。

VSI-H 标准接口由一个 MDR-80 接插件和一个 MDR-14 接插件组成,MDR-80 用于输出符合 VSI-H 规范的数据流及控制信号,MDR-14 用于接收符合 VSI-H 规范的输入控制信号。

3.4.4.2 数据采集与基带转换单元

1. 高速数据采集技术

数据采集与基带转换单元完成对 2 路中频信号的数字化处理,选择使用 e2v 公司推出的 ADC 芯片 EV10AQ190A,该芯片量化位宽为 10b,四通道模式可实现 4 路独立通道采集,采样率可达 1.25Gsps,双通道模式采样率可达 2.5Gsps,单通道模式采样率高达 5Gsps。

数据采集单元电路是整个系统设计的关键部分,主要包括模拟信号输入电路、数字信号输出电路等。

1) 模拟信号和时钟输入电路设计

由于中频信号采用单端输入形式,因此 ADC 前端必须设计专用的单端转差分电路来完成中频信号的输入。ADC 芯片的输入端采用差分输入，这种方式有以下优点：

- 差分特性对来自电源和其他电路的外部共模噪声源具有抑制作用；
- 能够抵消偶次谐波；
- 每个差分输入所需电压摆幅仅为单端输入时的 50%，可以降低对电源的要求。

目前有两种方法可选：一是采用专用的单端转差分放大器，这种方法的优点是输入信号的功率可以通过改变反馈电阻阻值进行灵活调节，缺点是需要配置较多的外围电路，且模拟放大器有一定的通带范围，超出此范围的信号将受到抑制。二是采用变压器来实现单端转差分的功能，这种方法结构简单，通带范围很大，适用于中频带通采样。因此，本设计中利用变压器实现信号单端到差分的转换。

2) 数据输出电路设计

EV10AQ190A 量化后的数据是 LVDS(low voltage differential signaling，低电压差分信号)电平形式，模拟信号经过 ADC 芯片采样后以 DDR 形式输出，降低时钟速率，便于后端电路的接收。每路的数据量化为 10 位，这样信号处理 FPGA 与 ADC 芯片的数据通道就有 40 对 LVDS 差分信号线，因此信号处理 FPGA 的差分信号管脚应满足这种大量的信号线需求，且最好有内置 100Ω 匹配电阻，以降低 PCB 空间和布线难度。

2. 基带转换实现方案

本套设备可完成 VSI 模式或 VSR 模式的数字基带转换功能，最大可支持带宽 100MHz 的中频信号采样。在 VSI 模式下，采用多相滤波加 FFT 以及正交下变频加数字滤波器相结合的算法，完成中心频率和输出带宽灵活可变的基带转换，生成所需的基带信号，并按照 Mark 5B 格式进行记录；在 VSR 模式下，采用正交下变频加数字滤波器算法完成中心频率和输出带宽灵活可变的基带转换，生成所需的基带信号，并按照 RDEF 格式进行记录。

1) VSI 模式下数字基带转换技术

VSI 模式下基带数据类型为实数，且只有一种帧结构，可对 2 路带宽 100MHz 的中频信号进行基带转换，生成最多 16 个子带。常用的子带生成方法有正交下变频加数字滤波器和多相滤波加 FFT 均匀信道化两种方法。这里设计了一种将两者相结合的子带生成算法，处理流程如图 3-26 所示。

多相滤波加 FFT 算法的核心是如何划分信号，为了实现子带中心频率可变，设计无盲区信道频率划分。由于输入信号为实信号，因此其频谱正谱

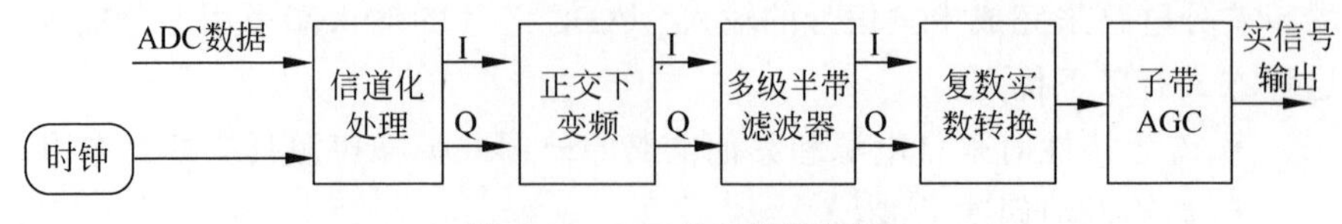

图 3-26 VSI 处理流程框图

与倒谱是互为镜像的。利用频谱互为镜像的关系，等效在可分析带宽内均匀划分了8个信道，且相邻信道重叠，保证滤波器通道能够无盲区覆盖16MHz带宽，因此能够实现无盲区信道化接收。

本方案利用了实信号谱以π为周期互为镜像的特点，8个子通道镜频涵盖了所有盲区，从而解决了接收信道盲区的问题，其中所要指明的是：奇数子通道输出的频率是原来频率的镜频。为解决回放频谱不能翻转的指标要求，提出利用混频加相移法取单边带的方法，解决了输出频谱翻转的问题，且没有带来硬件实现中额外的资源消耗，具有简易、灵活和易于实现的特点。

2）VSR模式下数字基带转换技术

VSR是一种应用于深空探测器导航的CEI基带转换模式，其观测文件中包含ΔDOR测量和航天器的相关信息等，通常采用I/Q支路处理方法，文件存储格式采用由CCSDS（Consultative Committee for Space Data Systems，国际空间数据系统咨询委员会）制定的RDEF（Delta-DOR raw data exchange format，Delta-DOR原始数据交换格式），美国NASA的CEI科学接收机即采用该种模式。

在VSR模式下，采用基于并行NCO的数字基带转换方法。针对带宽100MHz的数字中频信号进行基带转换，500kHz～16MHz带宽可变以及子带DDS的频率独立可设，步进小于1Hz。首先按照时序关系对ADC输出的数据进行串并转换，将数据率降低为数据采样率的1/8，并行数据流分别与相应的并行DDS进行混频，然后采用多相滤波结构对混频输出信号进行低通滤波；再次采用4倍抽取多相滤波结构，将信号数据率降低为64Msps，此后再根据输出带宽的不同要求，分为宽带处理模式和窄带处理模式。当子通道带宽小于或等于250kHz时为窄带模式，当子通道带宽大于250kHz时为宽带模式。

在宽带模式中，将信号数据率降低为64Msps后，根据输出信号带宽要求分别对I、Q路数据流进行多级半带滤波（图3-27），最终形成所需基带信号，其中半带滤波级数最高可达7级。

在窄带模式中，首先对64Msps的I、Q数据流分别进行CIC滤波及20

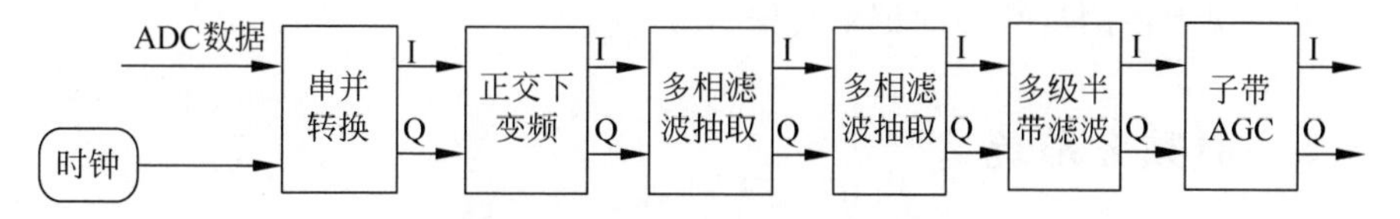

图 3-27 VSR 宽带处理流程框图

倍抽取(图 3-28),将信号数据率降低为 3.2Msps,然后根据输出基带信号带宽要求进行不同倍数的 CIC 滤波抽取,并确保 −3dB 带宽效率大于 90%。

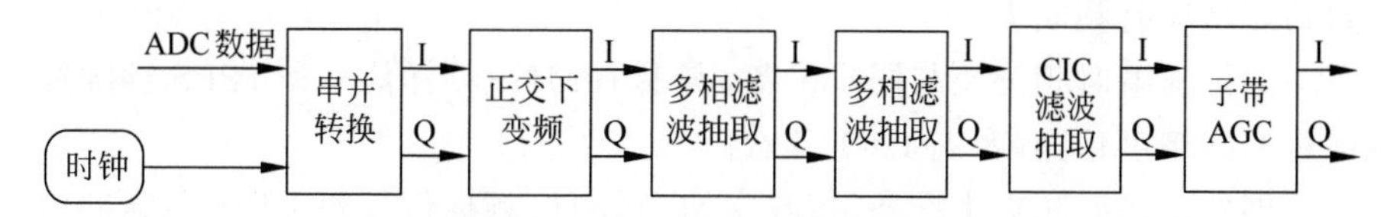

图 3-28 VSR 窄带处理流程框图

3.4.4.3 数据传输模式

根据要求,数据采集与站内记录分系统的数据传输需要兼顾 VSI-H、VSI-S 以及 e-VLBI 数据传输方式,具有如下数据传输通道:

(1) 基带转换后的基带信号经数据采集与基带转换板、PCIe 总线、磁盘阵列接口卡,存储到磁盘阵列中,用于将基带转换数据存储在磁盘阵列中。同时根据需要分出一路通过网口,以 e-VLBI 的方式送信号处理中心。

(2) 基带转换后的基带信号经数据采集与基带转换板、PCIe 总线、直接通过网口,以 e-VLBI 的方式送信号处理中心。

(3) 磁盘阵列中的数据经磁盘阵列接口卡、PCIe 总线、网卡,送交换机,用于将磁盘阵列中的数据通过 e-VLBI 方式对外传输。

(4) 基带转换后的基带信号经数据采集与基带转换板、数据传输板,传输给 Mark 5B 记录器存储,用于将基带数据直接存储在 Mark 5B 记录器中。

3.4.5 小结

本节对数据采集与站内记录分系统方案设计进行了详细说明。数据采集与站内记录分系统可完成 100MHz 带宽 ΔDOR、DOR、SBI 等信号的数据采集、数字基带转换、数据记录任务。

数据采集与站内记录分系统采用多相滤波加 FFT 以及正交下变频加数字滤波器相结合的算法,完成中心频率和输出带宽灵活可变的基带转换,并可实现干涉测量数据的记录传输。

3.5 时频分系统

短基线干涉测量系统相比于 VLBI 最大的区别就在于短基线干涉测量系统的观测站共用同一时钟源，以消除或减弱时钟和本振等不稳定性对测量结果的影响。因此需要在主站配备时频分发与同步设备，在副站配备时频再生设备，通过频标信号和时标信号的双向传递和主动补偿技术实现主、副站高精度时频同步。

主站配备时频分发与同步设备，实现 10MHz 频标信号和 1PPS 秒脉冲信号的高精度传递，实现 1∶1 备份。

副站配备时频再生设备，接收主站 10MHz 频标信号和 1PPS 秒脉冲信号，并完成频率锁定和时间比对、调整，实现与主站时频信号的同步。

CEI 主站与副站之间光缆长度为几十千米至两百千米量级，光缆在 1550nm 波段损耗指标一般为优于 0.25dB/km，实际 200km 光缆损耗约 50dB。实际光纤传输链路中还包含各段光缆之间的连接器插损（一个连接器插损约为 0.3dB），因此 200km 光缆链路实际传输损耗可能会大于 50dB，造成经过光缆传输后的光信号功率低于探测器门限值。在实际传输链路中需增加低噪声光纤中继设备，完成光信号的中继和放大。

3.5.1 系统组成及功能

系统组成如图 3-29 所示。

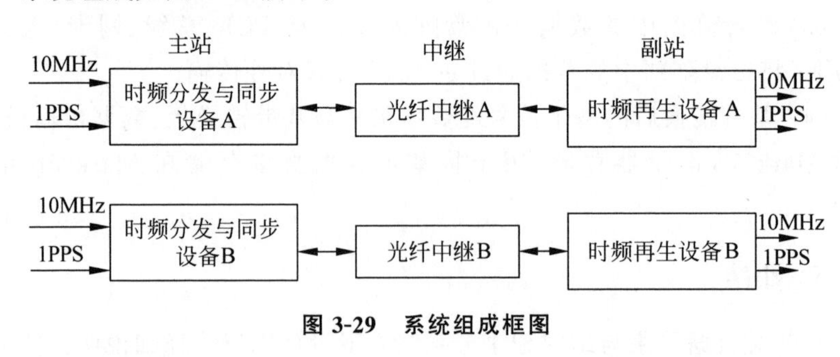

图 3-29 系统组成框图

系统主要功能包括：

(1) 在主站接收主站 10MHz 频率标准信号和秒脉冲信号，将 10MHz 倍频至 100MHz，以 100MHz 为参考产生待传输的频率，将待传输的频率和秒脉冲信号调制至时频分发与同步设备，将调制后的光信号输出至长距离光缆；

（2）当传输距离大于 80km 时，在合适的距离处放置光纤中继单元，完成光信号中继放大，拓展传输距离；

（3）在副站，接收经中继放大单元以及长距离光纤链路传输的光信号，完成光电转换，通过锁相环输出 10MHz/100MHz 频率标准信号和秒脉冲信号；

（4）高精度频标传递系统增加主动补偿措施，保证频标信号的远距离、高精度传递；

（5）高精度时标传递系统可精确测量主、副站间的时间差，并进行补偿，保证主、副站秒脉冲信号高精度同步；

（6）在主站，系统能够对关键参数（如系统同步状态、锁定状态等）进行监控，并将该信息上报系统监控。

3.5.2 系统工作原理

CEI 系统主、副站通过高精度时频分发与同步设备共用主站时、频标信号，保证主、副站设备可协同一致工作。

对于高精度频率传递，主站时频分发与同步设备将输入参考频标信号倍频至高频射频信号，然后调制至光发射模块。光发射模块输出光信号通过长距离光缆经光纤中继单元后传输至副站时频再生单元。为了保证高精度传递，在副站将光信号再次环回主站，通过在主站构造锁相环路控制调制到光发射模块的信号，保证传输至副站的信号相位恒定。

对于高精度时间传递，主站时频分发与同步设备将输入 10MHz 频标信号和 1PPS 信号调制至光信号，通过长距离光缆传输经光纤中继单元传递至副站时频再生单元。为了精确标定秒脉冲传输延迟，在副站将 1PPS 信号解调后再调制至光信号传输至主站。通过双向对传在主站和副站进行高精度时间差测量，并对从站时标信号进行调整，保证主、副站时标信号高精度同步。

由于本系统传输距离远（大于 100km），超过无中继传输距离，因此在传输链路中增加光纤中继单元以完成时标光信号和频标光信号的双向光放大。

3.5.3 实施方案

3.5.3.1 高精度时频分发与同步设备设计方案

时频分发与同步设备（主站）与时频再生设备（副站）配套使用，完成主站至副站间高精度时、频信号传递。按照功能进行划分，主要由高精度频标传递单元和高精度时标传递单元组成。

1. 组成

高精度时频分发与同步设备是由时频分发与同步设备(位于主站)和时频再生设备(位于副站)组成的时频光传输组合设备，组成框图如图3-30所示。由组成框图可以看出，时频分发与同步设备和时频再生设备组成类似，均由频率传递模块和脉冲传递模块(时频分发与同步设备为发射单元，时频再生设备为接收单元)以及电源模块和监控单元组成。

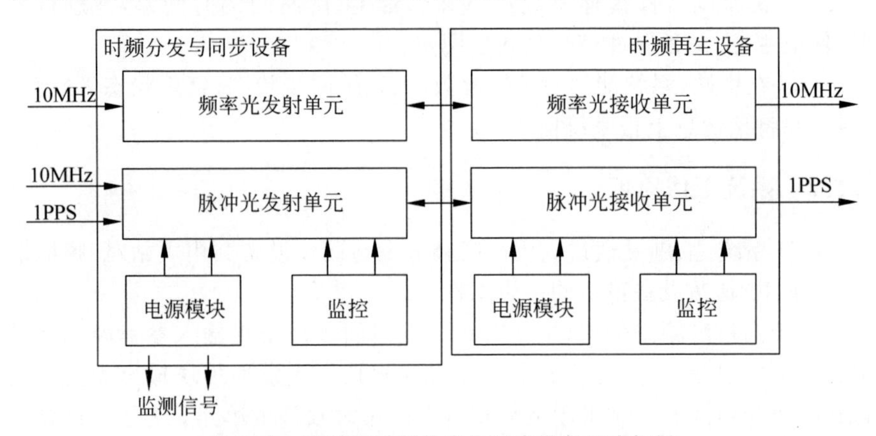

图3-30 高精度时频分发与同步设备组成框图

高精度频标传递系统构成原理框图如图3-31所示，主站设备和副站设备通过光缆连接。主站设备功能模块主要包括低相噪倍频器、低噪声介质振荡器、光发射模块、光电探测器、混频器、100MHz滤波器、鉴相电路、环路滤波器、恒温压控振荡器以及光学波分复用器等。副站功能模块主要包括光电探测器、锁相晶振(含PLL(phase lock loop，锁相环))、光学波分复用器等。

高精度时标传递系统组成如图3-32所示，主要功能是将主站高精度时标信号传递至副站，完成主、副站高精度时间差测量，并对从站时钟进行调整，保证主、副站间高精度时标同步。

高精度时标传递单元是基于波分复用链路的高精度光纤授时设备，可以分为授时中心站和授时终端站。主站主要由时频接口、时频测量、时频信号封装模块、光/电和电/光转换模块及波长复用解复用器构成。授时终端站由波长复用解复用器、光/电和电/光转换模块、时频测量伺服模块构成。该授时系统利用经典的双向时间比对方法，依托光纤信道(DWDM波长通

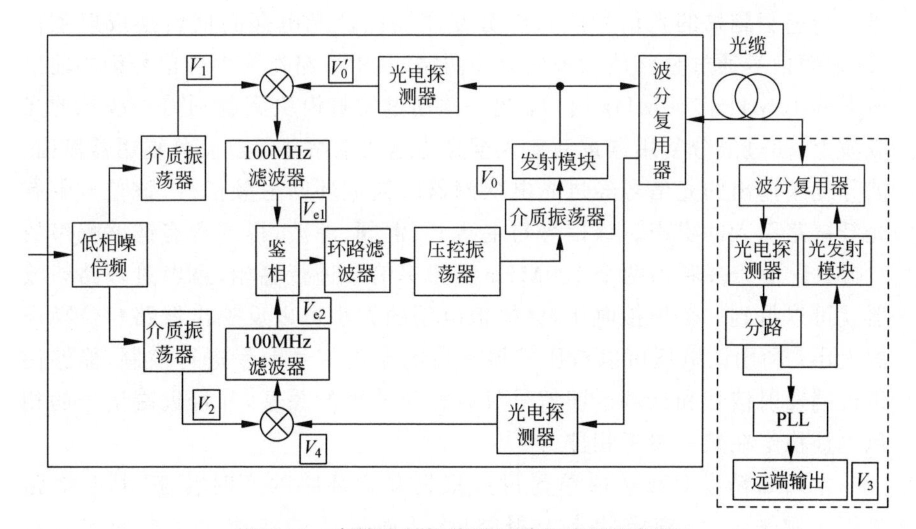

图 3-31 高精度频标传递系统构成原理框图

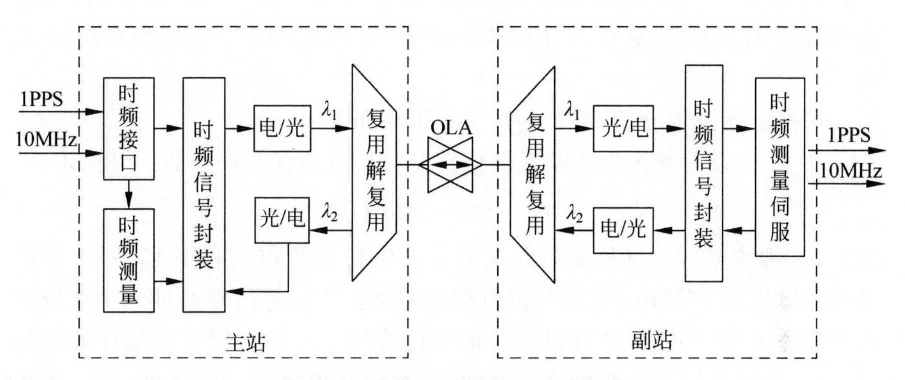

图 3-32 高精度时标传递系统组成

道)实现副站时标与主站时标的高精度同步。

2. 工作原理

高精度频标传递系统(含发射和接收单元)的基本工作原理是:在主站,两个介质振荡器以频率参考源 V_r 为参考产生两个高频频率 V_1 和 V_2 作为主站参考辅助信号。VCXO(voltage controlled crystal oscillator,压控振荡器)输出 100MHz 的频率信号作为另一介质振荡器参考信号,产生待传输射频信号 V_0。该信号经过光发射模块调制变为光信号,其中一部分光信号经过波分复用器、光缆传递至副站;另外一部分光信号经过光电探测器转化成本地射频信号与 V_1 进行混频、滤波后得到本地 100MHz 参考信号。传递至副站的光信号经过波分复用器以及光电探测器转换成射频信号,射频信号通过分路放大模块分为两路,其中一路作为参考信号锁相输出所需的10MHz/100MHz信号;另一路通过发射模块调制到另外波长的光载波上,通过波分复用器重新输入至光缆返回主站并通过波分复用器输出,波分复用输出的光信号经过光电探测器转换成环回射频信号,该信号带有光纤链路引入的噪声。该信号与主站V_2混频、滤波,得到含有链路噪声的100MHz信号。利用两个100MHz的频率信号进行鉴相,再经过环路滤波器就可以得到一个模拟电压,该模拟电压的大小可以反映出链路相位噪声的大小;利用该电压可以对压控振荡器的输出信号频率进行控制,能够使得近端发射信号和远端返回信号具有相位共轭的关系,并且远端信号的相位也被稳定在某一参考相位。

主站高精度时频传递单元可以根据锁相环路的实时状态,判断链路是否正常锁定,将锁定状态上报监控,从而保证链路锁定状态的实时监控。同时,由于当环路锁定时,鉴相两路100MHz信号相位差恒定,在主站可分路输出两路鉴相的100MHz信号作为监测信号,监测系统锁定状态。

根据上述原理介绍,系统信号关系推导如下。

在主站,发射端恒温压控晶体振荡器与介质振荡器产生的信号记作:

$$V_0=\cos(\omega_0 t+\phi_0) \tag{3-1}$$

其中ω_0为频率,ϕ_0为晶振与介质振荡器的初始相位。利用V_0对半导体激光器输出的1550nm光信号进行振幅调制。调制光信号通过光学波分复用器后进入光纤链路,从发射端传输至接收端。为了补偿发射端环外器件(指半导体激光器至光纤耦合器之间的、光信号单次通过的器件)引入的相位噪声,部分载波光信号由探测器1解调,得到频率信号:

$$V_0'=\cos(\omega_0 t+\phi_0') \tag{3-2}$$

其中,ϕ_0'包含晶振与介质振荡器的初始相位信息和环外器件相位信息。接收端部分光信号经探测器2解调得到频率信号:

$$V_3=\cos(\omega_0 t+\phi_0'+\phi_{\mathrm{p}}) \tag{3-3}$$

其中,ϕ_{p}为信号在光纤链路中传递时引入的相位噪声。副站接收、解调的射频信号经波分复用器后通过同一光纤链路从副站传输回主站,解调后得到:

$$V_4=\cos(\omega_0 t+\phi_0'+2\phi_{\mathrm{p}}) \tag{3-4}$$

为了补偿信号在光纤链路中传输引入的相位噪声,主站相位锁定于铷

原子钟的三个介质振荡器输出信号分别为

$$V_1=\cos(\omega_1 t+\phi_1) \tag{3-5}$$

$$V_2=\cos(\omega_2 t+\phi_2) \tag{3-6}$$

$$V_r=\cos(\omega_r t+\phi_r) \tag{3-7}$$

其中，$\omega_0=\omega_r$，$\omega_1=\omega_r-100\text{MHz}$，$\omega_2=\omega_r+100\text{MHz}$。因此，以上三个信号的相位满足如下关系：$\phi_1+\phi_2=2(\phi_r+\xi)$，$\xi$ 为固定相位差，对系统传输稳定度没有影响，可忽略。V_1 与 V_0' 下混频，得到：

$$V_{e1}=\cos\left[(\omega_0-\omega_1)t+(\phi_0'-\phi_1)\right] \tag{3-8}$$

V_2 和 V_4 下混频，得到：

$$V_{e2}=\cos\left[(\omega_2-\omega_0)t+(\phi_2-\phi_0'-2\phi_p)\right] \tag{3-9}$$

V_{e1} 和 V_{e2} 下混频，得到误差信号：

$$\begin{aligned}V_e&=\cos\left[(2\omega_0-\omega_1-\omega_2)t+2\phi_0'+2\phi_p-\phi_1-\phi_2\right]\\&=\cos\left[2(\omega_0-\omega_r)t+2(\phi_0'+\phi_p-\phi_r-\xi)\right]\end{aligned} \tag{3-10}$$

利用锁相环对 V_e 进行放大后，反馈控制晶振，使 V_0 满足：

$$\omega_0=\omega_r \tag{3-11}$$

$$\phi_0'+\phi_p=\phi_r \tag{3-12}$$

这样副站得到的信号 V_3 可表示为

$$V_3=\cos(\omega_0 t+\phi_0'+\phi_p)=\cos(\omega_r t+\phi_r) \tag{3-13}$$

接收端复现信号 V_3 相位锁定于发射端参考频率源铷原子钟，并且不包含信号在光纤链路中传输时引入的相位噪声，即实现了频率信号的高稳定度传输。

高精度时标传递系统(含发射和接收单元)的基本工作原理是：在主站，脉冲光发射单元以输入的 10MHz 和 1PPS 信号为参考，封装成发射帧，调制到 λ_1 光波长，输入至波分复用器。同时，脉冲光发射单元接收由副站脉冲光接收单元发射传递至主站的 λ_2 光波长，经光电转换得到副站发射帧，并由帧结构中提取帧头(与副站秒脉冲信号同步)。脉冲光发射单元的时差测量模块以本地秒脉冲信号(10MHz 频率信号)为参考，精确测量与恢复脉冲信号之间的时间差，得到本地时间和副站经传输后时间的时间差，将时间差数据封装至主站发射帧中传递至副站。

在副站，脉冲光接收模块配备本地频率标准(本地压控晶振输出的频率信号)，时频信号封装模块以本地频率为参考，产生副站所需的时标信号，并将时、频信号封装至副站发射帧。副站发射帧作为待发射信号经电光转换模块转换成λ_2光信号，输入至光学波分复用器。同时主站发射光信号经波分复用器得到λ_1光信号，经光电转换，得到主站传递至副站的信息帧。副站时差测量模块以副站时频信号为参考，测量主站传递帧头的时间差，得到副站测量时间差。副站通过解调帧也可得到主站测量的时差数据。副站根据主站、副站测得的时间差数据，可得到主、副站间的时间差(需考虑系统差以及双向传递不对称性)。时差测量结果同时需经过比例积分微分运算以及数模转换得到副站压控晶振的压控信号。当系统锁定时，副站输出时标信号和频标信号即可与主站同步。

在该方案中，主站可以实时监测光纤链路延迟的变化、主/副站设备温度、副站延迟补偿量等闭环锁定相关信息，可确保链路锁定状态的实时监测。

时间伺服的先决条件是要获得两站钟源(参考时钟和远端晶振)的精确钟差。单纤双向时间比对能确保来回光纤链路长度严格对称，因而测得两端站的钟差具有较高精度，该时间伺服实验是在采用单纤双向比对测得两端站钟差的基础上完成的。在双向比对的过程中，两站分别将本站的秒脉冲信号在电光转换模块内完成调制后转换成特定波长(λ_1和λ_2)的光信号，并将其发送至对端，被接收信号经过光电转换模块解调恢复出秒脉冲信号。同时在两端站分别以本站的秒脉冲为起始时刻，以恢复出对端传送至的秒脉冲为结束时刻，使用高精度时差测量模块(TIC1和TIC2)测量其时间间隔。若A、B源时刻分别以T_A、T_B表示；以T_{RB}、T_{RA}分别表示A、B两站解调恢复出对端站传送至秒脉冲的时刻；以T_{AB}、T_{BA}分别表示由A站传送至B站和B站传送至A站的传输时间。则有：

$$T_{AB}=T_{RA}-T_A \tag{3-14}$$

$$T_{BA}=T_{RB}-T_B \tag{3-15}$$

若两个时间间隔测量仪TIC1和TIC2的结果分别为T_1、T_2，则

$$T_1=T_{RB}-T_A \tag{3-16}$$

$$T_2=T_{RA}-T_B \tag{3-17}$$

由此可推算A、B两端站的钟差为

$$T_B-T_A=\frac{1}{2}(T_1-T_2)+\frac{1}{2}(T_{AB}-T_{BA}) \tag{3-18}$$

在终端站，接收到两端站测量的时间间隔数据(T_1和T_2)之后，可计算出两端站钟源钟差，然后采用比例积分微分的时频伺服算法每秒对终端站钟源进行持续地伺服调整，进而使两地钟源高度同步。终端站实时校频原理可表示为

$$\frac{\Delta f}{f}=-\frac{\Delta t}{t} \tag{3-19}$$

其中 Δf 为校频调整量，f 为标称频率（即 10MHz），Δt 为所得钟差，t 为测量间隔（实验中 $t=1\mathrm{s}$）。

由式(3-19)可知，终端站钟源校频调整量与钟差成正比，钟差数据越准确，伺服算法校频控制越精确，最终授时精度越高。系统授时误差 E_{rr} 可表示为

$$E_{\mathrm{rr}}=T_{\lambda_1-\lambda_2}+E_{\Delta\lambda_1-\Delta\lambda_2}+E_{\Delta n}+T_{\mathrm{sag}}+T_{\mathrm{sys}}+E_{\mathrm{sys}}+E_{\mathrm{alo}} \tag{3-20}$$

式中前 4 项主要引入链路不对称时延差（$T_{\mathrm{AB}}-T_{\mathrm{BA}}$），其中为 $T_{\lambda_1-\lambda_2}$ 为双向波长不对称引入的时延偏差，通过理论计算补偿消除；$E_{\Delta\lambda_1-\Delta\lambda_2}$ 和 $E_{\Delta n}$ 为温度及其他因素引起的光源波长波动和光纤折射率变化引入的链路时延随机波动，由于无法通过理论确知其具体波动量，只能通过实时测量补偿；T_{sag} 是地球自转引起的萨格纳克效应引入的链路时延不对称偏差，如果传输距离在几千米范围内，其影响可以忽略；T_{sys} 为授时端机系统自身的不对称偏差，实验前可以通过初校消除；E_{sys} 为系统底噪，包括时间间隔测量误差以及滤波、调制解调、光发光收等处理引入的时延波动噪声，系统底噪导致授时系统产生随机误差，实验中通过优化系统结构抑制；E_{alo} 是伺服算法的控制误差，实验中通过优化伺服算法抑制。

3.5.3.2 光纤中继设备设计方案

1. 组成

光纤中继设备主要包括频率光中继模块、电源模块、脉冲光中继模块、监控单元等，如图 3-33 所示。

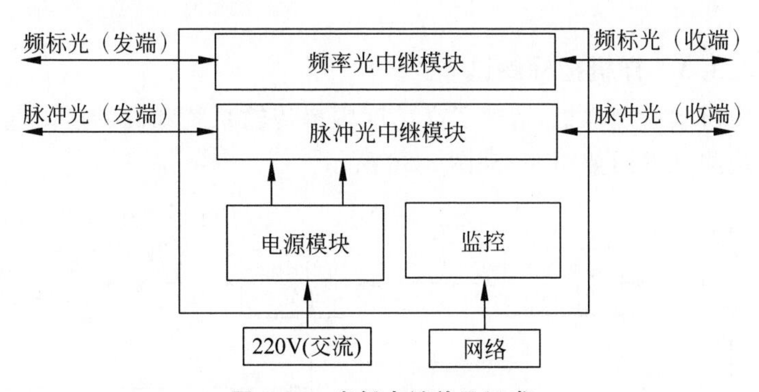

图 3-33　光纤中继单元组成

2. 工作原理

光纤中继设备置于光缆链路中合适的连接点处,用于放大经过光缆传输的光信号,扩展光缆传输距离,保证接收端光功率满足光电探测器接收功率范围。由于高精度时频传递设备传递光信号均为双向传输,传统的掺铒光纤放大器不能满足双向传输的噪声要求。

图3-34是一种单通道双向光放大器,与一般放大器的重要区别是在有源光纤放大部分的两端用双向滤波隔离系统代替了宽带光滤波器,其中由于光环型器和滤波器的配合作用,波长为λ_1的光信号只能从图3-34中自左到右的方向通过,而波长λ_2信号只能沿从右到左的方向传输。因此,无论波长为λ_1还是波长为λ_2的主用光信号的背向散射信号都不会通过掺铒光纤被放大,既然没有背向散射光,也不会有二次背向散射光的存在,从而可以有效避免传统掺铒光纤放大器的噪声反复放大和振荡问题。但是改进型的掺铒光纤放大器的双向滤波隔离系统使双向光信号经过不同的路径,所以引入了额外的不对称性误差,这可以通过初始校准进行系统差修正。

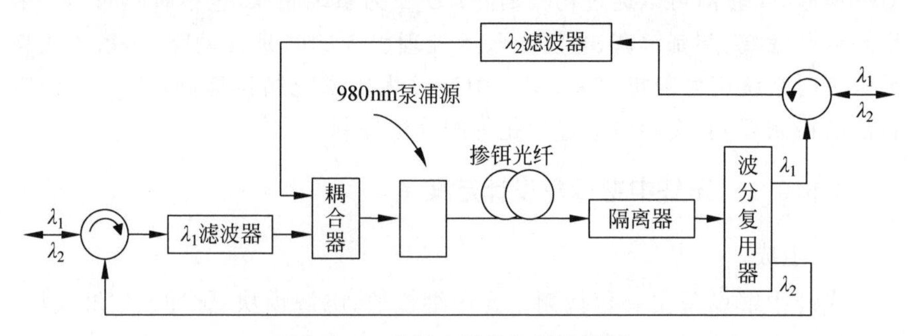

图3-34 光纤中继设备原理框图

3.5.3.3 样机指标测试

利用研制原理样机,搭建了高精度频率传输系统和高精度时间传输系统。系统测试框图如图3-35、图3-36所示。

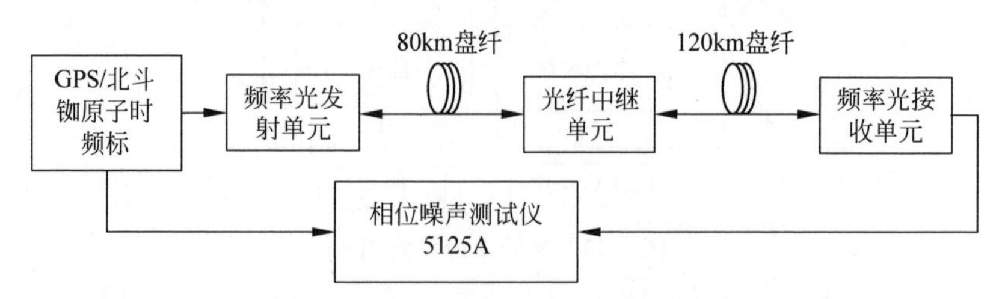

图3-35 200km光纤频率传输系统测试框图

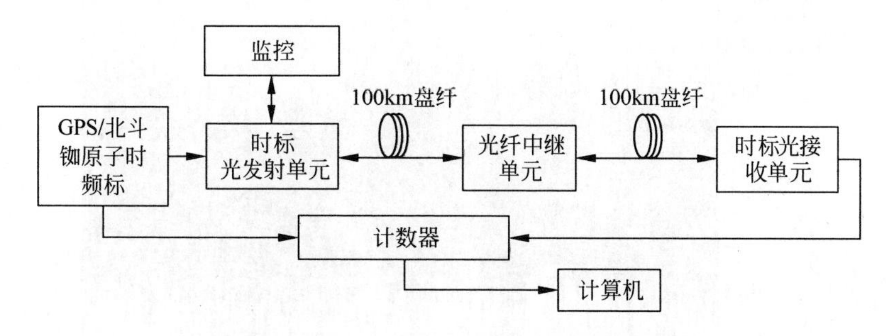

图 3-36 200km 光纤时间传输系统测试框图

200km 频率传输系统测试结果如图 3-37 所示。该图为测试仪器显示截图,横坐标为时间(单位为秒),纵坐标为阿伦方差值。图例中右起第一列数据为仪器本身噪声值,即阴影边界对应时间的值;右起第二列为测试数据阿伦方差值。

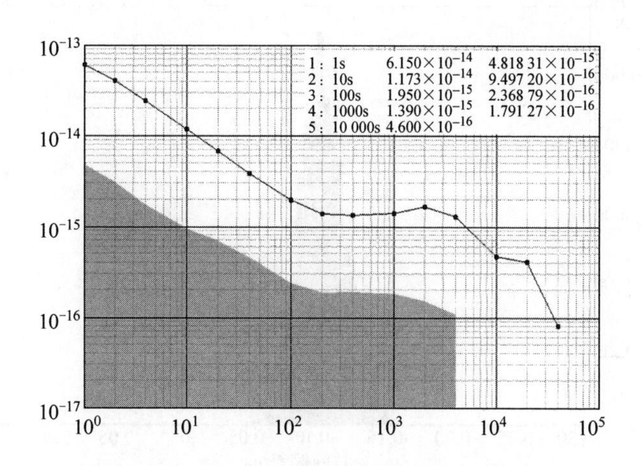

图 3-37 200km 光纤频率传输系统测试结果

200km 时间传输系统连续测试超过 24h 并记录了 90 000 个同步误差样点,测试结果如图 3-38 所示。

经过高斯拟合和统计分析得出同步误差数据的均值为-101ps,标准差为 17ps(1σ),如图 3-39 所示。

可以看出通过高精度频率传输系统和高精度时间传输系统的设计,频率传输稳定度和时间传输精度均得到保证,可满足系统使用需求。

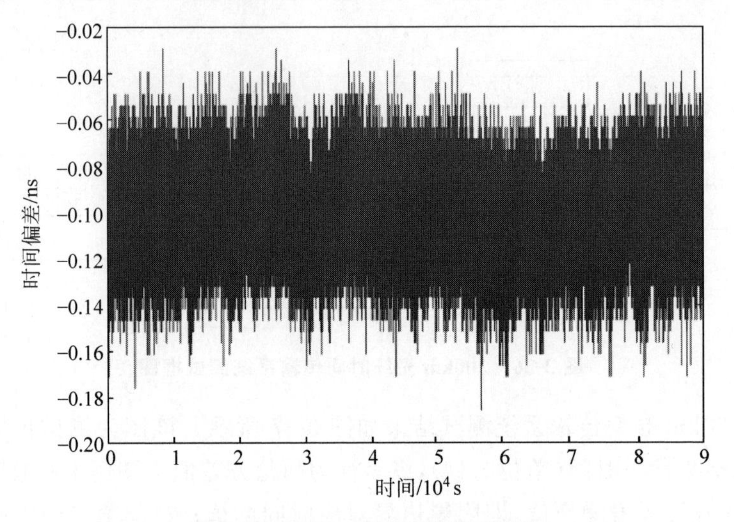

图 3-38 200km 授时误差测试结果

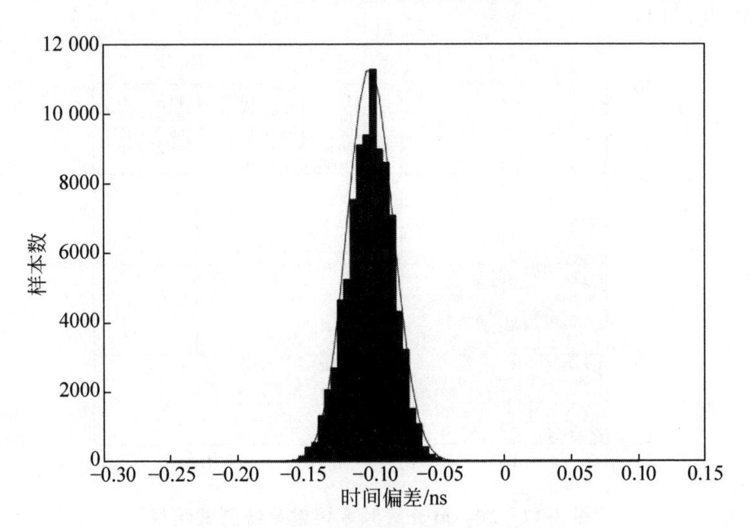

图 3-39 200km 授时误差概率密度分布

3.6 测试标校分系统

3.6.1 主要功能和技术指标

3.6.1.1 主要功能

测试标校分系统的主要功能是标校系统链路中的误差因素。测试标校分系统主要由延迟校准信号产生器、GNSS双频接收机、微波水汽辐射计等组成。延迟校准信号产生器完成干涉测量有线设备链路通道性能的校正；GNSS双频接收机利用双频特性测量对流层、电离层折射特性；微波水汽辐射计用于测定大气层中积累的可凝结水蒸气和云雾对电波传播路径增长的影响。

GNSS双频接收机和微波水汽辐射计已有成熟的设计产品，本书不再详细叙述。重点介绍CEI系统中的延迟校准信号产生器和标校方案。

3.6.1.2 技术指标

延迟校准信号产生器用于干涉测量时校正通道时延不一致性，在场放前端馈入。

主要技术要求：

(1) 延迟校准信号频率：$5/n$ MHz，n 取5～99；

(2) 脉冲宽度：20～50ps；

(3) 输出信号幅度：在2.2～2.3GHz带内各校准信号功率可调；

(4) 输出信号幅度抖动：小于等于1dB；

(5) 输出信号相位抖动：小于等于1°；

(6) 延迟校准信号产生器同时具有标定传输馈线时延的能力，标定精度优于5°。

3.6.2 设备组成和工作原理

测试标校分系统主要由延迟校准信号产生器(两台，1∶1热备份)、GNSS双频接收机、水汽辐射计等组成(图3-40)。

副站标校设备产生的大气参数测量数据可通过监控分系统实时或事后发送至主站监控，通过主站监控发送至相关处理设备；主站标校设备产生的大气参数测量数据直接通过主站监控发送至相关处理设备。这些大气参数测量数据用于传输介质误差模型修正。采用事后发送时，以文件形式对大气参数测量数据进行记录和发送。

3.6.3 实施方案

延迟校准信号产生于如图3-41中虚线框中的部分，包括脉冲产生器和时频标传输电缆。时频标信号经过一定长度的电缆传输到脉冲产生器，脉冲产生器产生要求的窄脉冲馈入场放。

PCAL信号的作用是监视干涉测量信道中的幅度和相位变化，因此其自身的稳定性是很关键的指标。PCAL信号幅度和相位的稳定性将直接影

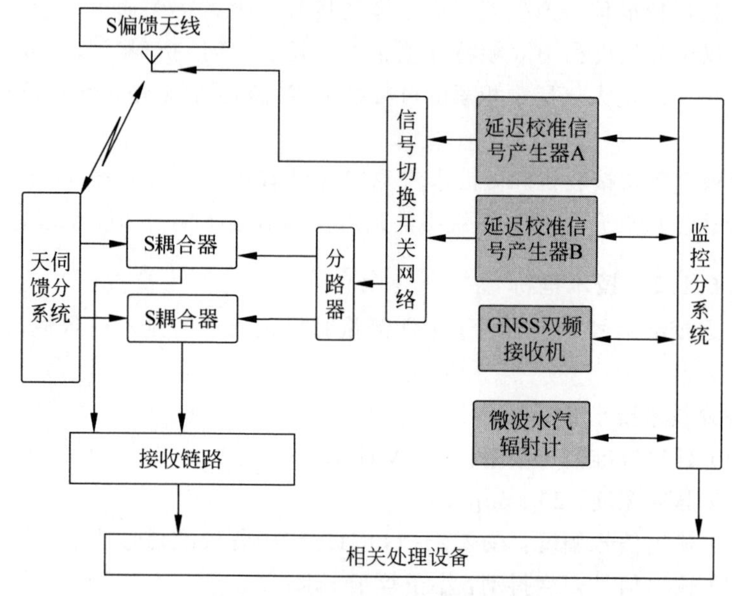

图 3-40 测试标校分系统组成图

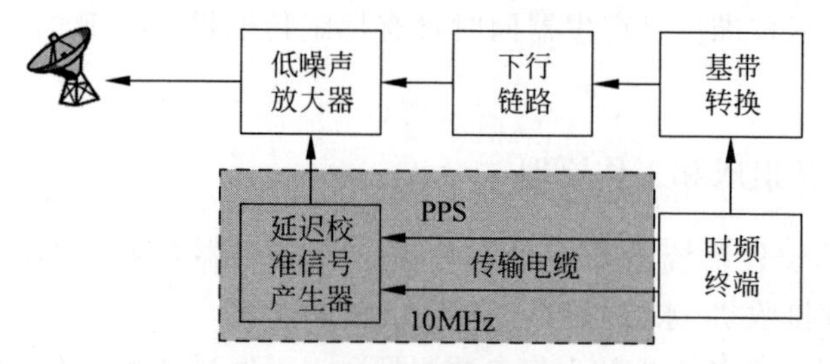

图 3-41 延迟校准信号产生框图

响相位校准信号的准确性。PCAL信号从起始到馈源,包括频标传输电缆和PCAL信号产生器。在天线跟踪过程中,由于温度、振动等原因,电缆的驻波、衰减和时间延迟会发生变化。

考虑到上述因素,设计延迟校准信号产生器时,脉冲产生器要求尽量接近场放的馈入端,频标电缆应采用电时延随温度变化小的电缆或光纤。

3.6.3.1 延迟校准产生器工作原理

延迟校准信号产生器[7]主要是利用阶跃恢复二极管的S型伏安特性曲线,将高频脉冲输入到阶跃恢复二极管脉冲电路中,调整电路工作点,使得二极管工作在单稳态,从而输出具有极窄脉宽的周期脉冲信号,数学上可以等效于冲激响应函数。

通过微波开关和控制电路，可以在时域上控制冲激函数的冲激间隔，从而控制在频域的频谱间隔。

周期信号在数学上可以用傅里叶级数来表示，并且周期信号的傅里叶变换由一系列冲激组成，每一个冲激分别位于信号的各次谐波的频率处，其强度正比于傅里叶系数。

梳状谱信号正是利用阶跃恢复二极管产生近似于冲激函数的脉冲信号，然后通过微波控制开关，利用开关控制信号来调整冲激函数的时间间隔，从而产生一系列频谱宽度可调的、宽度从 5MHz 直至 5MHz/n(n 取 5～99，取决于分频比的设置)、并且能够覆盖 S 接收频段的校准信号。信号注入到接收系统后，即可以实现系统的延迟校准。一种 PCAL 信号产生的电路原理如图 3-42 所示。

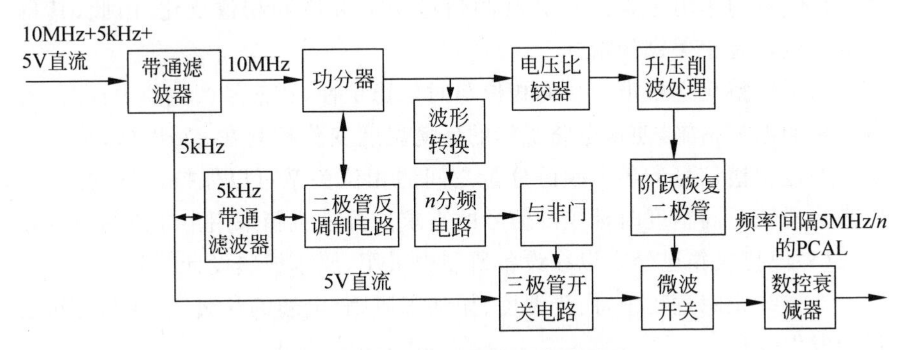

图 3-42 PCAL 信号产生电路原理

输入信号是 5V 直流信号、10MHz 和 5kHz 的正弦波信号，10MHz 的正弦波信号是由时频经电缆传送的频标信号，用于激励阶跃恢复二极管产生 PCAL 信号。它与 5kHz 的正弦波信号通过反射二极管电路进行反调制，经功分器和电缆再传回用于电缆部分的时延差测量。

阶跃恢复二极管有两个重要的参数：阶跃恢复时间 T_t 和少数载流子寿命 τ。阶跃恢复时间 T_t 是指反向电流从最大值的 80%下降到 20%所需要的时间。T_t 越小，所产生的脉冲宽度越窄，梳状谱信号高次谐波分量越多，它决定了输出信号频率的上限；T_t 越大，脉冲宽度越宽，输出信号总功率越大，一般在满足输出频率上限要求的情况下应尽量增加脉冲宽度。少数载流子寿命 τ 决定了二极管最低输入频率，为使二极管正常工作，要求 τ 至少大于输入信号周期的 3 倍。在设计之初，必须依据输入参考信号频率和最高输出谐波频率来确定这两个参数，选取合适的阶跃恢复二极管。

10MHz 的正弦波信号经功分器后一方面经电压比较器和升压削波处

理后，产生上升沿陡峭的10MHz方波信号用于激励阶跃恢复二极管，产生脉宽20～50ps和频率10MHz的窄脉冲信号；另一方面经波形转换、分频电路和与非门产生脉宽5ns的5MHz/n的负脉冲控制三极管开关电路。

5V直流信号和与非门输出的负脉冲共同控制三极管开关电路，产生5MHz/n的微波开关控制信号，最终使微波开关输出脉宽为20～50ps的5MHz/n的PCAL信号。

3.6.3.2 延迟校准产生器设计

延迟校准产生器由高速分频器、电压比较器、升压削波处理单元、阶跃恢复二极管脉冲发生器、微波开关、微波开关控制逻辑等部分组成。

PCAL信号幅度和相位的稳定性，将直接影响相位校准信号的准确性。PCAL信号的作用是监视CEI观测信道中的幅度和相位变化，因此，其自身的稳定性是很关键的指标。

为了保持延迟校准信号的相位与时延稳定性，在信号产生器设计时，采取严格的温控措施，使得电路工作的环境温度变化控制在2℃以内，从而使输出的梳状谱信号的各个频谱分量之间的相位关系可以保持良好的线性，以满足系统对高精度时延校准信号的需求。温控机箱采用半导体的制冷方式，这种温控机箱已经在以往设备研制中采用，属于成熟设计。

在天线跟踪过程中，由于温度、振动等原因，电缆的驻波、衰减和时间延迟会发生变化。

电缆延迟变化的测量方法有多种，低成本的方法中常用的有这样两种：第一种方法是使用矢量电压计，测量参考信号和被PCAL信号产生器反射回来的信号之间的相位差。这种方法较简单，但是存在的不足是接收机和CEI终端之间电缆上的反射将引入误差（这主要是由电缆连接不好等因素造成的），且该误差具有很大的随机性。第二种方法就是当前国内深空站采用的测量方法，由地面单元电路进行电缆延迟测量，其基本原理是测量通过电缆后被反射回来的带有5kHz调制的10MHz的相位延迟。这种方法为在线测量方法，现场的测量值可在百兆计数器上直接读出，并可以记录数据供观测后处理。第二种处理方法的频标稳定性可达20ps/24h。

国外新的相位校准系统采用温度补偿光纤传输10MHz频标，不再需要反馈补偿；PCAL信号产生器采用温控装置，温度维持在25℃，温度稳定性为±0.1℃。采用上述措施后，频标的稳定性达到11ps/24h。

采用光缆需要进行光电转换，增加了设备的复杂性。若频标到PCAL信号产生器的距离为20m，在工作环境温度为25℃±5℃时，安德鲁电缆的

电长度变化率小于 20×10^{-6}；温度变化为±10℃时 20m 电缆变化 4mm (14ps)，也是满足要求的。因此建议采用安德鲁电缆传输频标。同时，安德鲁电缆铺设在恒温槽中，恒温槽中通过空调输送恒温空气，能够进一步降低电长度的变化率。温度控制在±5℃变化时 20m 电缆变化 2mm(7ps)，变化情况如图 3-43 所示。

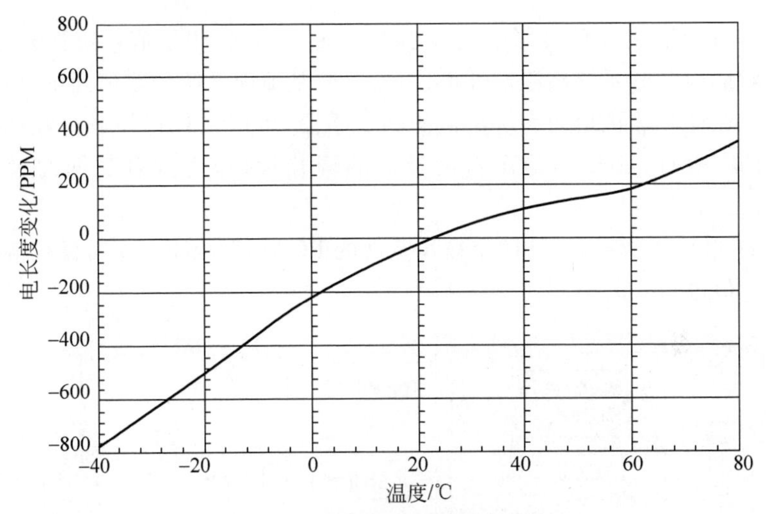

图 3-43 安德鲁电缆时延变化率

系统设计时，在 S 频段接收链路中的 LNA 前端配置了定向耦合器，分别是 S 频段左旋和路、S 频段右旋和路两个支路。

PCAL 信号产生之后，通过宽带微波功分器分成两路，分别馈入上述两个耦合端口。由于功分器属于宽带部件，所以微波信号经功分后可以保持良好的接收带内不同频点之间的信号群时延的一致性。在射频 PCAL 信号传输过程中，选用具有良好温度稳定度的稳相电缆，并且将 PCAL 设备布局在与接收 LNA 尽可能近的设备位置，从而减少传输距离，也有助于提高整个 PCAL 系统的性能。

3.6.3.3 传输馈线时延的标定

传输馈线时延的在线标定采用矢网测量电缆的时延，再通过延迟校准产生器测量在线时延的方式。假设通过矢网测量的电缆时延为 59.123ns，则来回传输的时延是 118.246ns。再将电缆安装到设备上，如果电缆的时延没有任何变化，通过计数器获得的 100MHz 频标的相位变化为 118.246 mod 10＝8.246ns。反之，如果测量相位差为 8.246ns，则通过 $(110+8.246)/2=59.123$ns。如果电缆安装后测量获得的相位差为 15.623ns，则在线电缆的时延是(110+15.623)/2=62.8115ns。

3.6.3.4 高稳标校链路设计

设备的稳定性设计在一定程度上可以保证信号在系统中的传输时延稳定，但对于本系统的相时延测量需求，单纯依靠设计保证是不能满足指标要求的。

群时延受工作环境影响会缓慢发生变化，导致测量值系统误差变大。通过对地面各分系统高稳定性设计，可以控制地面系统的零值固定，但实时自校是保证和监视地面系统零值的必要手段，可以在执行任务时监视测距数据的有效性，必要时给出对测量值的调整量，作为测量数据的参考修正值。

如图3-44所示，设计两个高稳定性的PCAL射频闭环实时标校链路对系统零值进行实时监测。

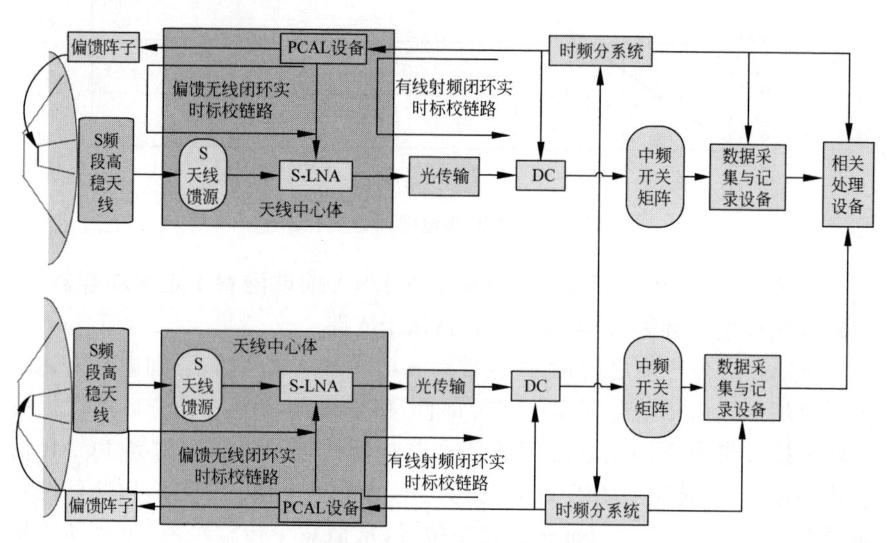

图3-44 高稳标校链路设计

1）有线射频闭环实时标校链路

利用延迟校准信号产生器产生高稳标校信号，并在天线馈源前将标校信号环回，能够实时校正包括处理设备、收发信道以及天线馈源网络前的“部分设备零值及其变化”。

2）偏馈无线闭环实时标校链路

PCAL标校信号通过偏馈天线发射，主天线接收标校信号，环回到下行链路。偏馈无线闭环标校能够标校整个地面设备的系统时延变化。

在进行设备链路标校时，为了减小射频标校信号传输链路引入的不稳定性，将PCAL设备置于天线中心体中以缩短射频电缆长度，PCAL设备的参考频标信号由塔基利用光纤稳相传输到中心体。

3.7 监控分系统

3.7.1 主要功能和技术指标

3.7.1.1 功能与组成

短基线干涉测量设备监控分系统由主站监控和两个副站监控组成。主要功能是完成全系统的监视、控制和管理；接受中心的控制并向中心传送设备各类状态参数；具备干涉测量自动运行功能。

3.7.1.2 技术要求

1）具备自动运行功能，在集中监控工作计划的驱动下自动形成任务执行流程，完成干涉测量数据采集及记录工作，并将干涉测量数据送相关处理设备，具备计划驱动、自动运行能力。单套设备自动化运行具体功能如下：

（1）自动完成工作计划接收及读取；

（2）根据工作计划自动对干涉测量数据进行记录，并将记录数据送相关处理设备；

（3）自动完成异常故障的处理，包括任务前和任务中的异常处理；

（4）自动化运行成功率≥98%。

2）完成设备状态实时监视和控制，且所有参数设置及设备控制都可以由中心远控实现。

（1）监视实时性：系统监控台对全系统每秒巡检1次；

（2）对全系统进行故障自动巡检，检测到可更换单元则显示故障部位并实时告警。

3.7.2 设备组成和工作原理

3.7.2.1 设备组成

短基线干涉测量主站或副站监控分系统由系统监控计算机、各分系统监控单元组成，具备远控（集中监控）、本控和分控三种工作方式，采用客户机/服务器体系结构。主站或副站系统监控由5台服务器、2台客户机、监控网络交换机、数传网络交换机、远程网络交换机、网络打印机组成，设备组成及接口关系如图3-45所示。

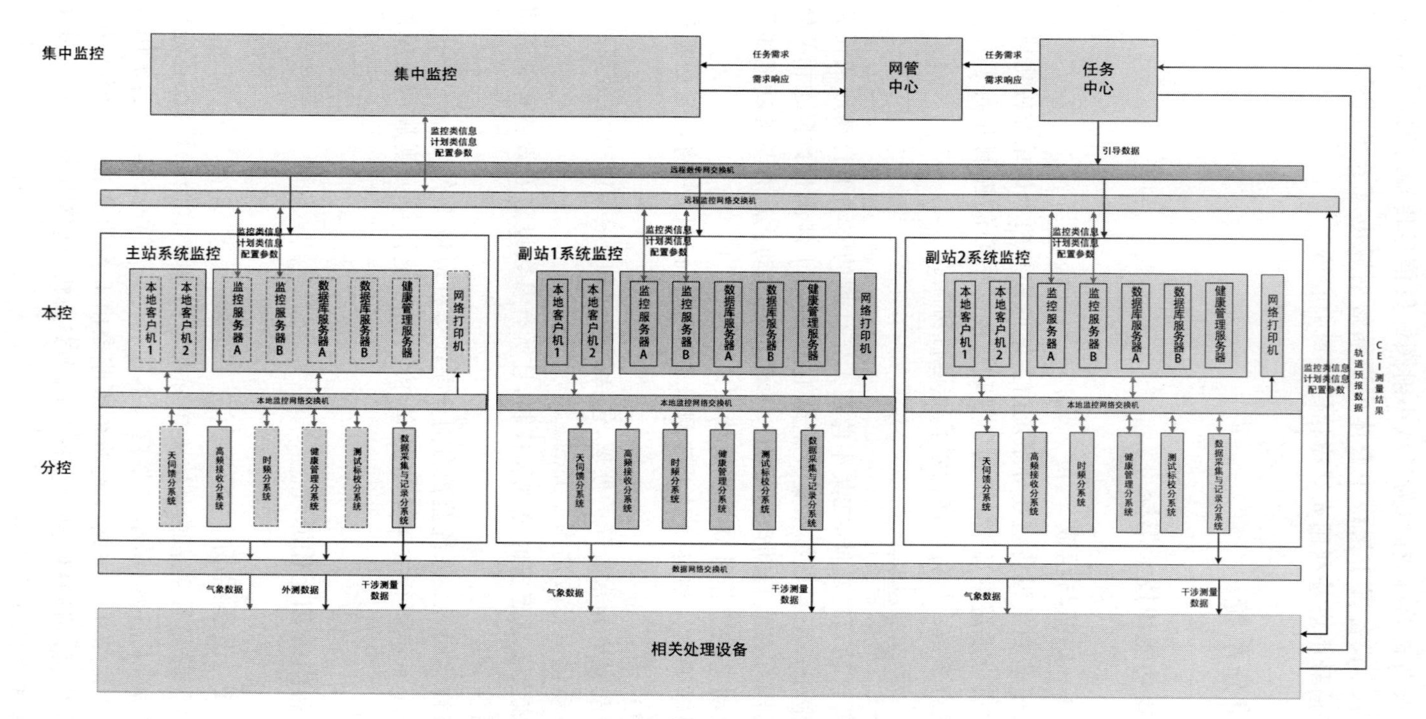

图 3-45 监控分系统组成与内外接口关系

站内2台系统监控服务器上运行系统监控服务器软件，负责与测站内设备、集中监控实现信息交互，将副站设备状态参数、控制指令执行情况、数据收发统计等信息实时送往本地、远程集中监控客户机显示。

系统监控具备“人工”和“自动”两种工作方式。人工方式下，操作员通过本地操作建立干涉测量任务技术状态并执行任务；自动方式下，系统监控接收集中监控发送的设备工作计划信息并解析，接收参数配置信息，按照计划驱动天伺馈分系统、数据采集与站内记录分系统、测试标校分系统、时频分系统等完成CEI干涉测量任务，并指挥数据采集与站内记录分系统将干涉测量数据发送到相关处理设备进行相关处理，将任务过程中站内设备状态信息发送给集中监控进行显示，并发送主要设备状态信息给主站。

客户机提供人机界面实时显示副站分机设备状态信息、任务执行状态、控制指令执行情况等。客户机应用程序在任务执行过程中提供人工干预手段，以处理任务执行过程中出现的异常状况，确保任务成功执行。

站内多台计算机和监控网络交换机组成本地监控通信网络。客户机上的操控命令通过监控网传送到2台监控服务器，2台服务器通过监控网实现“双收单发”的双机热备份工作模式，调度全站设备完成CEI干涉测量任务。

数据库服务器上部署数据库管理系统，利用关系型数据库存储并管理宏参数、系统标校数据、系统评估和健康管理数据、工作日志、战斗报表、用户身份等信息。

数据采集与站内记录分系统通过数据网络交换机，实时将干涉测量数据发送给相关处理设备进行相关处理。

内部监控网中的监控服务器、监控客户机等计算机设备通过网络连接时频分系统的NTP服务器，获取时间信息后进行对时操作，同系统时间保持一致，最终实现全系统设备时间一致。

网络打印机用来打印战斗报表、工作日志、任务参数宏、任务过程统计信息等文件。

3.7.2.2 工作原理

1. 监视功能工作原理

监视功能为监控分系统的基本功能。监视功能通过“分控”“本控”“集中监控”三层监控体系完成全系统设备、任务的状态信息监视，为监控分系统其他功能提供基础的数据支持。设备监视功能数据流程如图3-46所示。

系统关键状态信息如任务执行情况、任务工作模式、测量信息状态、与

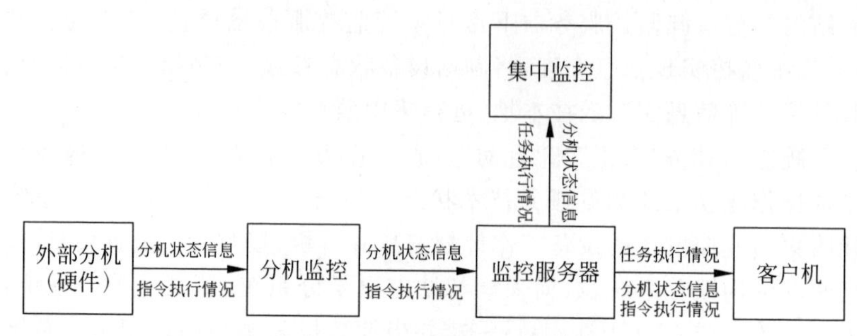

图 3-46 监视功能数据流程图

中心数据交换状态等信息以图形文字相结合的方式醒目显示。

2. 控制功能工作原理

控制功能为监控分系统的基本功能。通过“分控”“本控”“集中监控”三层监控体系完成全系统设备、任务控制要求，采用单指令、批处理（宏执行）形式的控制方式实现设备控制与任务管理。控制功能数据流程如图 3-47 所示。

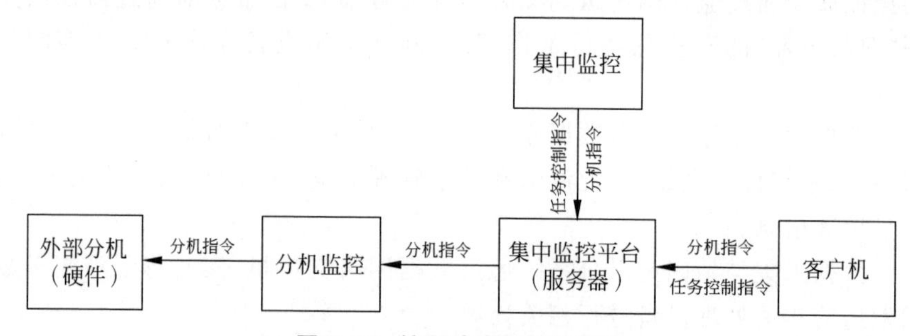

图 3-47 控制功能数据流程图

服务器收到分机指令后，采用直接发送方式实现指定设备控制；采用任务参数宏和配置宏组合下发的形式进行任务参数配置。

3. 操作运行工作原理

操作运行流程如图 3-48 所示。操作运行功能是监控分系统的核心，其将全站的静态设备串联起来自动执行 CEI 干涉测量任务，完成干涉测量数据采集与记录、干涉测量数据实时发送等任务。

系统监控以时间符合的原则，驱动设备按照设备工作计划自动执行，调度系统相关设备完成工作流程。任务开始前向中心索取引导数据，任务执行过程中记录过程事件生成日志文件，任务执行结束后收集各分机上报的分机状态信息、任务执行状态等信息。

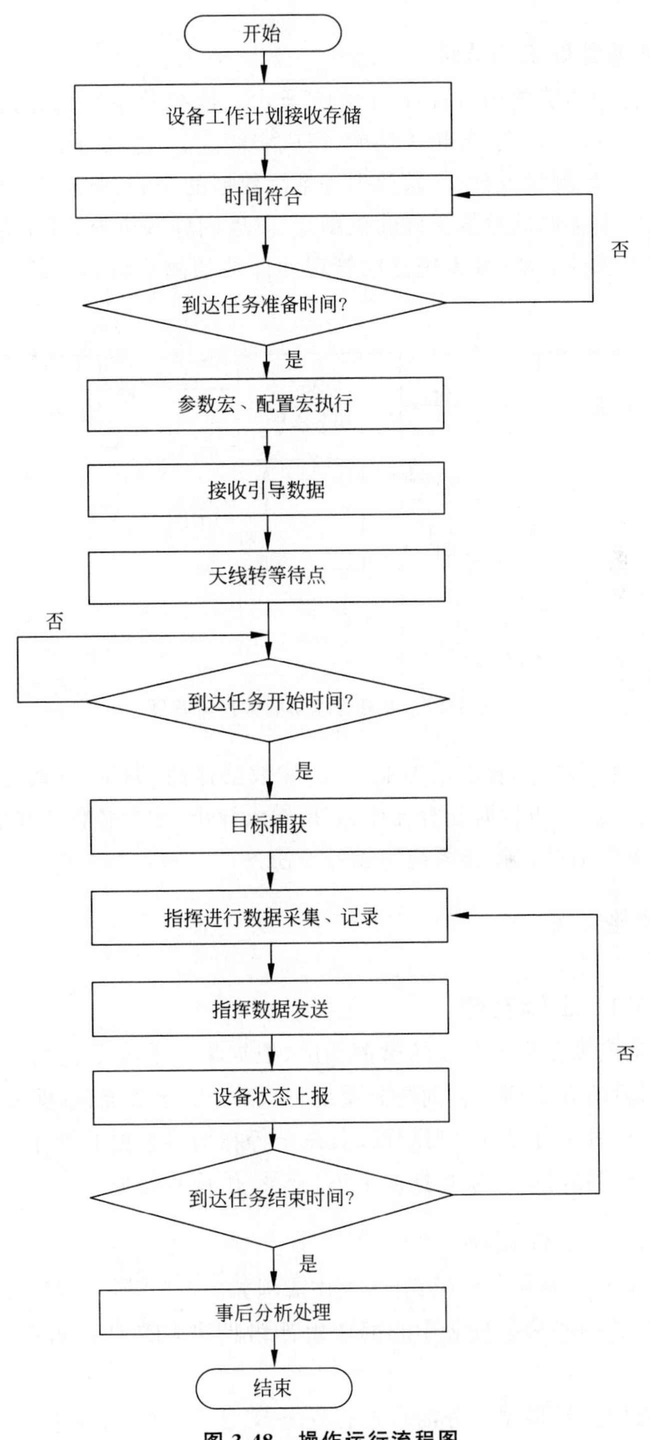

图 3-48 操作运行流程图

4. 信息管理工作原理

信息管理功能数据流程如图3-49所示。监控分系统依托数据库及其提供的数据存储、查询、分析等功能，完成宏信息、日志文件、故障信息、测试标校数据、干涉测量数据、气象数据等系统数据的存储、查询、删除等管理功能。数据库中存储的数据文件除供浏览、事后问题分析外，可作为健康管理功能的数据来源，为完成系统健康管理和评估预测系统执行任务能力提供数据支持。

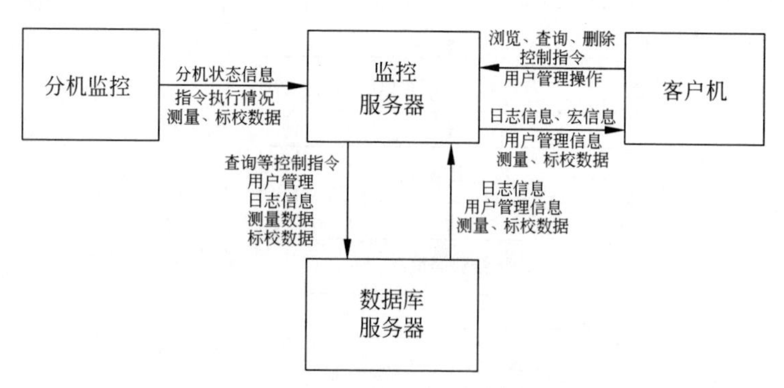

图3-49 信息管理功能数据流程图

数据库作为数据管理的专业工具，除数据存储、浏览、查询等基本功能外，还提供了强大的数据分析统计、数据导入导出、数据备份等功能，可作为重要技术手段辅助监控分系统完成各项任务。

3.7.3 实施方案

3.7.3.1 工作模式

系统监控接受集中监控的指挥调度，根据集中监控下发的设备工作计划，以计划驱动方式调度天伺馈分系统、高频接收分系统、数据采集与站内记录分系统、时频分系统、测试标校分系统等在引导数据的引导下完成干涉测量数据、外测数据、气象数据的采集、记录、传输等任务。

3.7.3.2 工作流程

在CEI干涉测量工作模式下，工作流程如图3-50所示，具体内容如下：

(1) 网管中心根据任务中心的定轨计划制定CEI任务需求，下发到集中监控；

(2) 集中监控根据任务需求进行任务规划，生成主站和副站CEI设备

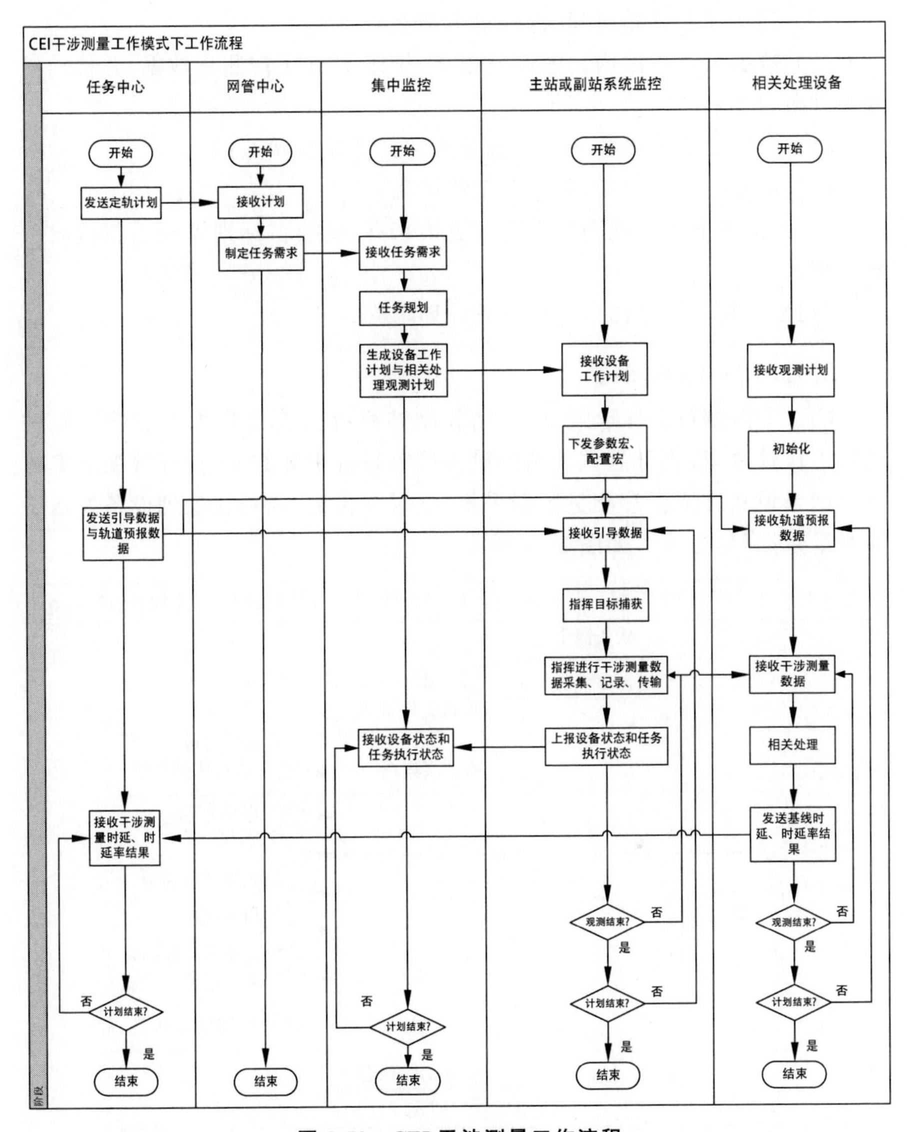

图 3-50　CEI 干涉测量工作流程

工作计划以及相关处理观测计划；

（3）主站或副站系统监控接收集中监控下发的设备工作计划；

（4）到达任务准备开始时间，下发参数宏和配置宏给天伺馈分系统、高频接收分系统、数据采集与站内记录分系统等设备；

（5）主站和副站天伺馈分系统接收任务中心下发的引导数据，调度天线转等待点；

(6) 到达任务开始时间，进行目标捕获；

(7) 数据采集与站内记录设备采集、记录CEI干涉测量数据，并传输给相关处理设备；

(8) 向集中监控设备发送设备状态和任务执行状态；

(9) 重复(7)～(8)，直到本次观测结束；

(10) 检查下一个观测是否需要更换目标，更换目标则需要重新接收引导数据；

(11) 重复(4)～(10)，直到完成计划内容。

3.7.3.3 信息流程

CEI干涉测量工作模式下，主站和副站系统监控接收集中监控下发的设备工作计划，根据计划调度站内设备接收目标引导数据，指挥数据采集与站内记录设备完成干涉测量数据采集、记录和传输，向相关处理设备发送干涉测量数据，信息流程如图3-51所示。

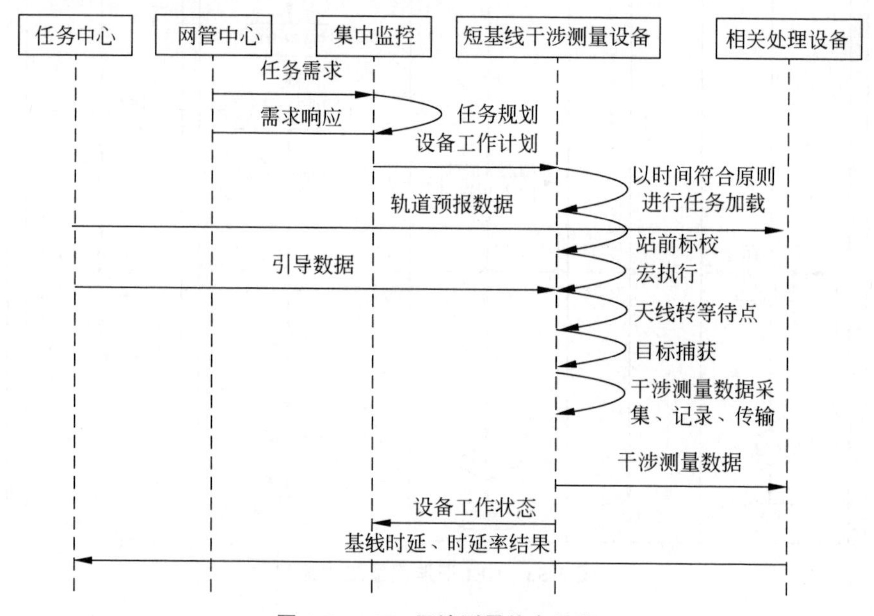

图3-51 CEI干涉测量信息流程

3.7.3.4 自动化运行设计

为了减轻操作人员的压力，减少人为出错的概率，提高系统的实际使用效率以及成功率，需要提高设备的自动化运行水平。系统采用设备工作计划驱动下的自动化运行模式，由系统监控，实施自动化运行。

系统监控具备以下功能：

(1) 具备设备工作计划管理能力，接收集中监控设备下达的设备工作计划，自动生成设备工作流程，并具有在本地或远程集中监控工作站创建、编辑计划的能力；

(2) 具有任务参数宏和配置宏的创建、编辑和保存功能，任务过程中通过任务标识、频点等参数自动调用任务参数宏和配置宏，设置全系统的技术状态；

(3) 按照时间顺序控制整个系统自动执行工作流程中的各个过程，包括设备配置和参数设置、目标捕获、干涉测量数据采集、记录、传输等；

(4) 控制相关分系统自动完成对目标的捕获；

(5) 干涉测量数据采集、记录、传输，并发送相关处理设备；

(6) 显示、记录全系统的上报信息、计划执行过程和典型状态，自动生成工作日志和工作报表；

(7) 系统故障状态的自动检测、告警与处理。

为了满足上述目标，监控分系统在设备自动配置、任务场景编辑、流程编辑、按计划驱动自动运行等方面进行了设计。

主、副站自动化运行流程如图 3-52 所示。主要流程如下：

(1) 接收集中监控下发的设备工作计划；

(2) 按照设备工作计划分解为主、副站可执行的工作流程；

(3) 按照时间符合原则启动到达任务准备开始时间的任务；

(4) 到达任务准备开始时间后，向天伺馈分系统、高频接收分系统、数据采集与站内记录分系统、测试标校分系统等下发配置宏和参数宏；

(5) 检查配置宏和参数宏是否下发成功，不成功则进行补发 3 次，还不成功则转入人工运行；

(6) 接收任务中心下发的引导数据；

(7) 到达任务开始时间后，组织 ACU 进行目标捕获跟踪；

(8) 组织数据采集与站内记录设备进行干涉测量数据的采集、记录，并实时传输到相关处理设备；

(9) 组织测试标校设备将电离层、对流层时延测量结果实时发送相关处理设备；

(10) 向集中监控汇报设备工作状态、任务执行状态等状态参数；

(11) 当前观测记录结束，检查下一观测是否更换目标(ΔDOR 模式下需要进行交替观测)，如果更换目标则更新引导数据，重新进行捕获跟踪，重复(8)～(10)步骤；

(12) 重复(4)～(11)步骤直到完成本次干涉测量任务。

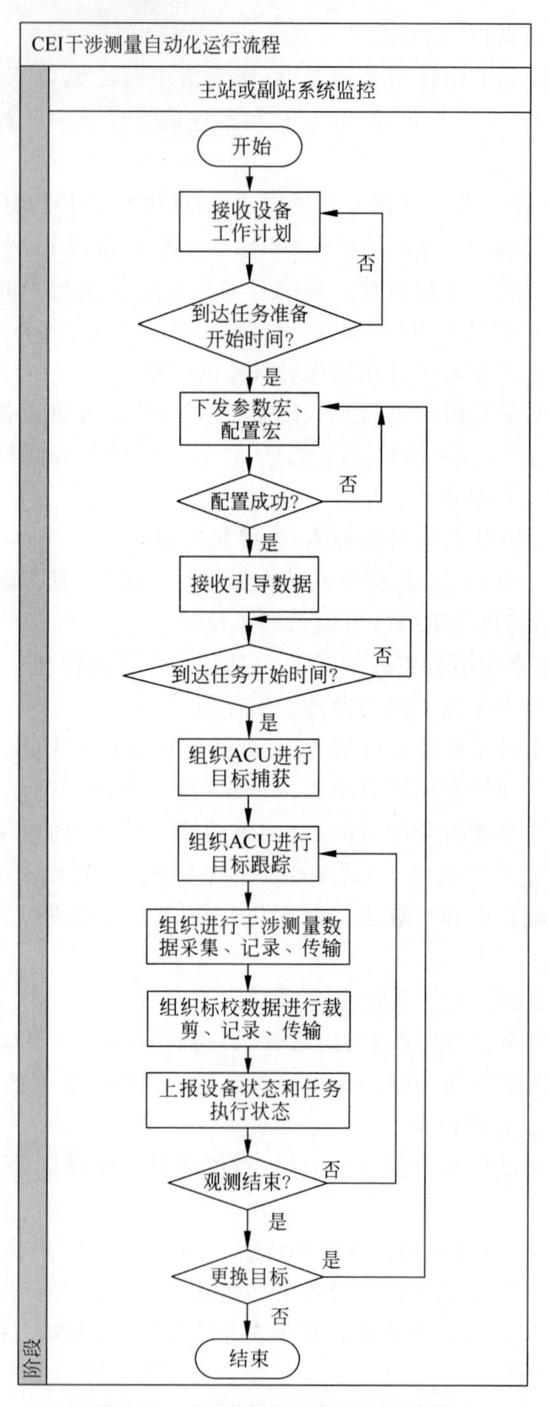

图 3-52　主、副站自动化运行流程图

3.8 CEI 系统数据处理中心设备

CEI 系统无论是在 GEO 卫星机动期间或机动后的快速轨道恢复，还是在卫星编队星座监测、空间目标监测等方面应用，均要求系统具有实时能力，必须采用高速、高稳定性和高可靠性的相关处理技术及系统，尽可能降低相关处理时间，以实时输出测量元素和定轨结果。

3.8.1 功能与技术指标

3.8.1.1 主要功能

数据处理设备主要具备以下功能：

1. 数据预处理分系统

数据预处理分系统由预处理服务器和预处理软件组成，并为每个站接收的原始基带数据配备 20TB 的磁盘阵列用于存储，完成各站干涉测量数据的接收、校验、时间同步、基于理论模型的整数比特补偿、数据分段、数据分发和数据暂存等任务。

2. 相关处理分系统

相关数据处理可划分为以下方面：

(1) 数据读取：数据读取子系统在系统监控的调度下，从预处理计算机中读取对应时间的分段数据，并以条纹相位近似等于常数为原则进一步将已分段数据细分为若干段，用于后续相关处理。

(2) 航天器信号相关处理：通过对参与相关运算的互功率谱计算实现，对延迟模型进行迭代修正。条纹快速搜索功能可获取延迟修正模型时延补偿初值和延迟变化率初值。延迟修正模型循环调整的条纹旋转频率补偿量对应航天器信号相关处理时延和时延变化率。在此基础上利用分段数据对应通道相位-频率曲线拟合剩余时延和剩余时延变化率，二者相加即为该基线相对航天器信号的时延及时延变化率。

(3) 延迟校准信号提取及处理：通过信号自相关提取延迟校准信号的幅度和相位，供后续修正通道延迟不一致性。

(4) 综合处理：接收航天器信号相关处理子系统处理数据，并进行模型修正、通道延迟不一致修正后输出 DOR 测量结果。进行通道延迟不一致修正后输出 ΔDOR 测量结果。同时用两个航天器信号相关处理子系统处理两个航天器信号并进行通道延迟不一致修正，直接做差的输出结果即为 SBI 测量结果。

（5）模型修正子系统：建立通用修正模型，以共视 GPS 同步精度或站间授时/守时精度作为站间同步误差模型修正参数，以微波辐射计测量结果修正对流层折射，以 GNSS 接收机测量数据修正对流层和电离层折射。同时模型修正子系统具有根据测量量计算射电源角位置（赤经、赤纬）、测站站址误差等简单的数据处理能力。

（6）自动化运行管理：负责相关处理设备的监视、控制和管理，自动接收并解析工作计划，索取轨道根数，根据工作计划自动生成工作流程完成干涉测量任务。

3. 监控分系统

具备对相关处理设备的实时监视、控制和管理功能，具备自动运行功能，能够在集中监控工作计划的驱动下自动生成任务执行流程，完成干涉测量数据处理工作，并将干涉测量结果送集中监控，达到计划驱动、自动运行目标。

3.8.1.2 主要技术指标

1. 数据预处理分系统

（1）同时接收 3 站数据。

（2）具有数据回放能力。

（3）能根据理论模型进行初步修正。

（4）对外接口兼容 VSI-H、VSI-S 和 VSR 标准。

（5）兼容 e-VLBI 数据传输网络接口标准。

2. 相关处理分系统

（1）相关处理要求：能同时进行不少于 3 站、3 条基线基带数据的相关处理。

（2）实时处理数据速率：与记录设备输出数据速率匹配，速率可选。

（3）具备根据预报信息进行时延补偿和频率补偿功能，时延补偿精度优于 1ns，频率补偿精度优于 0.001Hz。

（4）具有 DOR、ΔDOR、SBI 数据输出能力。

（5）具备自相关谱、互相关谱、残余时差/频差、整周模糊解算值等中间结果输出功能。

（6）具备对主要误差因素进行实时和事后修正的能力。

(7) 支持 VSI、VSR 数据格式，具备格式间相互转换功能。

(8) 具备延迟校准信号提取及处理能力，相位校正精度优于 5°。

3.8.2 组成和工作原理

相关处理设备由数据预处理分系统、相关处理分系统和监控分系统组成。主要完成主、副 3 站数据的接收和站间数据的相关处理，处理得到的各基线时延、时延变化率等送中心用于轨道计算。

采用 GPU(graphics processing unit，图形处理器)集群架构来进行相关处理，如图 3-53 所示。

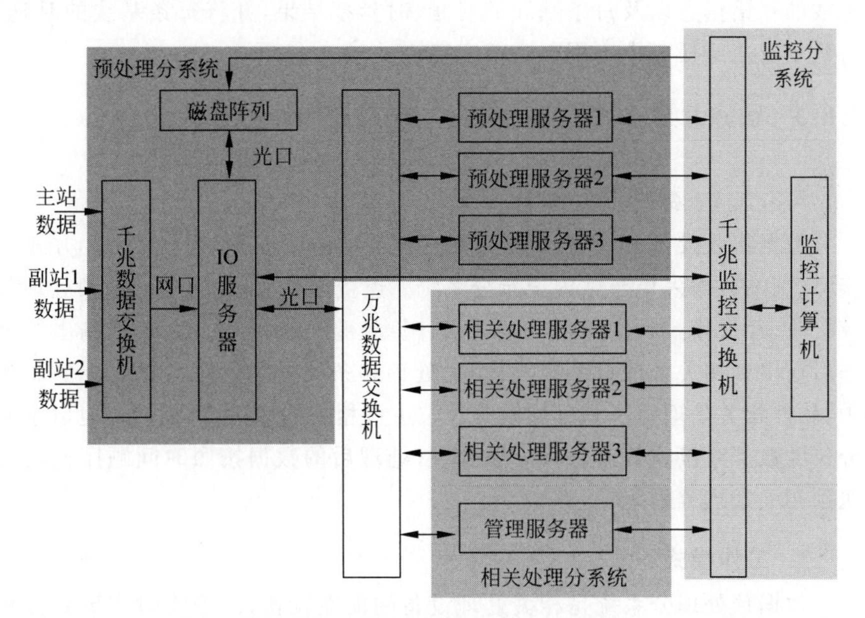

图 3-53 相关处理设备硬件处理架构

3.8.2.1 数据预处理分系统

数据预处理分系统由 3 台预处理服务器、1 台 IO 服务器、1 台磁盘阵列、1 台千兆数据交换机以及 1 台万兆数据交换机组成，用于接收主站和 2 个副站发送的原始观测数据和标校数据，经过整数比特补偿后，分段数据以子积分周期为单位分发到相关处理分系统。

3.8.2.2 相关处理分系统

相关处理分系统由万兆数据交换机、3 台用作相关计算节点的 GPU 服务器和 1 台用作相关管理节点的服务器组成。3 台相关计算节点用于接收

3个测站同一时段的原始数据，并进行条纹旋转、FFT、小数比特补偿后形成子积分周期的自谱和互相关谱，并发往相关管理节点。相关管理节点接收计算节点发送的自谱和互相关谱，按照基线进行积分处理和误差修正后，提取基线的时延和时延率，发送给监控分系统。

3.8.2.3 监控分系统

监控分系统负责接收集中监控发送的观测计划，并根据观测计划启动预处理和相关处理软件，接收预处理分系统、相关处理分系统产生的设备状态信息以及任务执行参数信息、处理进度信息、每个测站的自谱信息、每条基线的互谱信息以及每条基线的时延、时延率结果，并将每条基线的时延、时延率发送给任务中心用于高精度定轨。

3.8.3 实施方案

3.8.3.1 数据预处理分系统

数据接收及预处理服务器在监控分系统的调度下，以e-VLBI方式连接主、副站数据采集与站内记录分系统。连接建立后，观测数据被预处理节点接收，经过模式判别、寻找同步头、计算校验码、时间同步、数据输出等操作后输出到相关处理分系统，供相关处理和条纹搜索使用。在实际的观测中，软件相关处理以子积分周期为单位进行相关处理运算，预处理也以子积分长度数据对接收数据进行分段处理，处理后的数据按照时间顺序连续发送到相关处理分系统。

1. 工作模式

数据预处理分系统是相关处理设备的前端设备，用于实时或事后接收来自主、副站、记录回放设备或本地存储系统存储的原始观测数据，对其进行数据校验、格式解析、数据分段、整数比特补偿等操作后，按照相关管理软件的数据发送指令将经过预处理的观测数据发送到指定的相关计算节点。

预处理分系统按工作方式可分为实时工作模式和事后工作模式。

1）实时工作模式

实时工作模式是指基于e-VLBI协议通过网络连接实时接收主、副站的数据流形式的原始观测数据，存储于数据接收缓冲区，进行数据校验、格式解析、数据分段、整数比特补偿等操作后，发送给相关计算节点进行相关处理。

2）事后工作模式

事后工作模式是通过读取本地存储系统存储的主、副站观测数据文件，获取原始观测数据，存储于数据接收缓冲区，进行数据校验、格式解析、数据分段、整数比特补偿等操作后，发送给相关计算节点进行相关处理。

2. 工作流程

数据预处理分系统工作流程如图3-54所示。

工作流程内容如下：

(1) 读取配置参数，获取观测任务处理模式信息、采样信息、数据格式信息、网络连接信息等配置信息；

(2) 根据配置参数进行数据接收缓冲区初始化、环形缓冲区初始化、数据发送缓冲区初始化等初始化工作；

(3) 建立数据连接；

(4) 实时工作模式下，建立与主、副站的网络连接，等待接收数据；

(5) 事后工作模式下，打开数据文件，准备读取数据；

(6) 按帧接收原始观测数据，进行格式解析和数据校验；

(7) 校验通过存储环形缓冲区；

(8) 接收数据发送指令，解析指令信息；

(9) 根据指令中的理论模型信息计算整数比特补偿值；

(10) 根据整数比特补偿值计算发送数据在环形缓冲区中的起始位置；

(11) 从起始位置开始发送指定长度的数据到相关计算节点；

(12) 重复(4)～(9)，直到计划结束。

3. 信息流程

数据预处理信息流程如图3-55所示。

4. 软件设计

1）预处理分系统软件组成

预处理分系统软件主要由数据接收、数据解析、数据存储、整数比特补偿、数据发送等模块组成，如图3-56所示。

2）数据接收

实时接收来自主、副站的数据流形式的原始观测数据，或事后接收来自本地存储系统的数据文件形式的原始观测数据。

对VSI格式观测数据每次接收一帧数据，对VSR格式观测数据每次接收一个数据记录(1s的数据)。

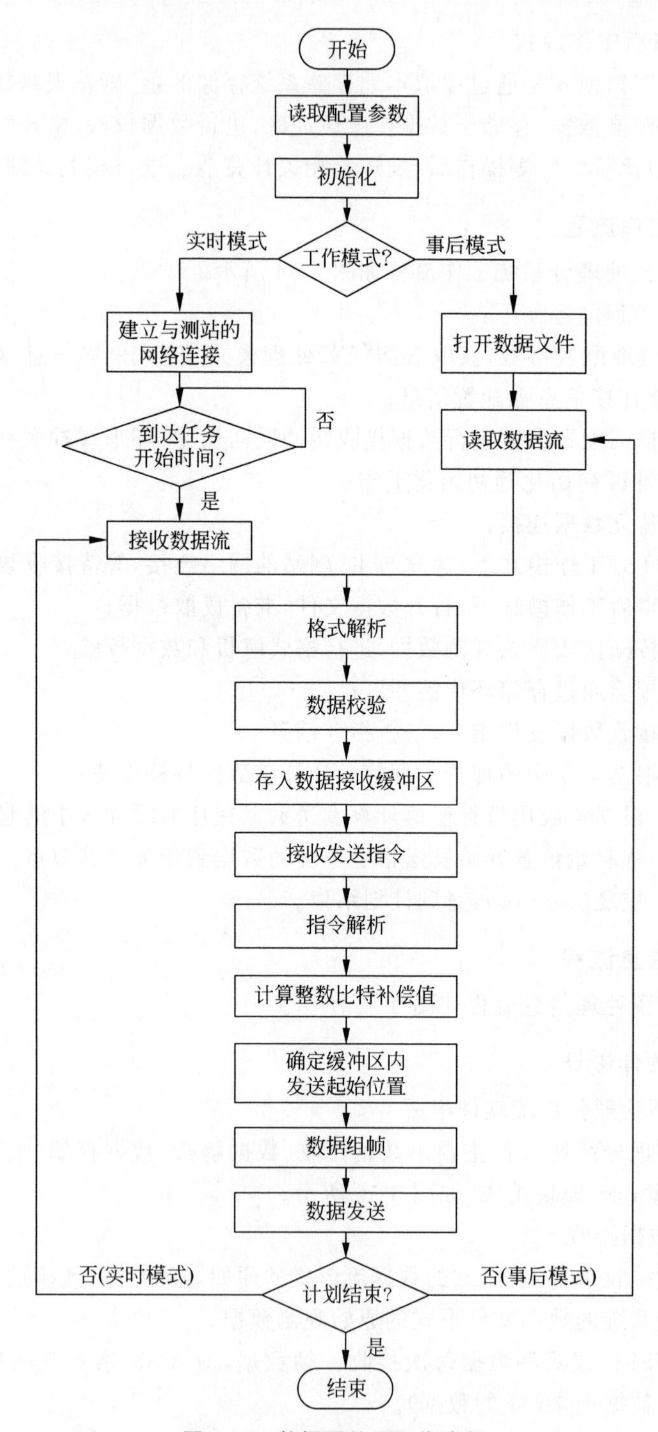

图 3-54 数据预处理工作流程

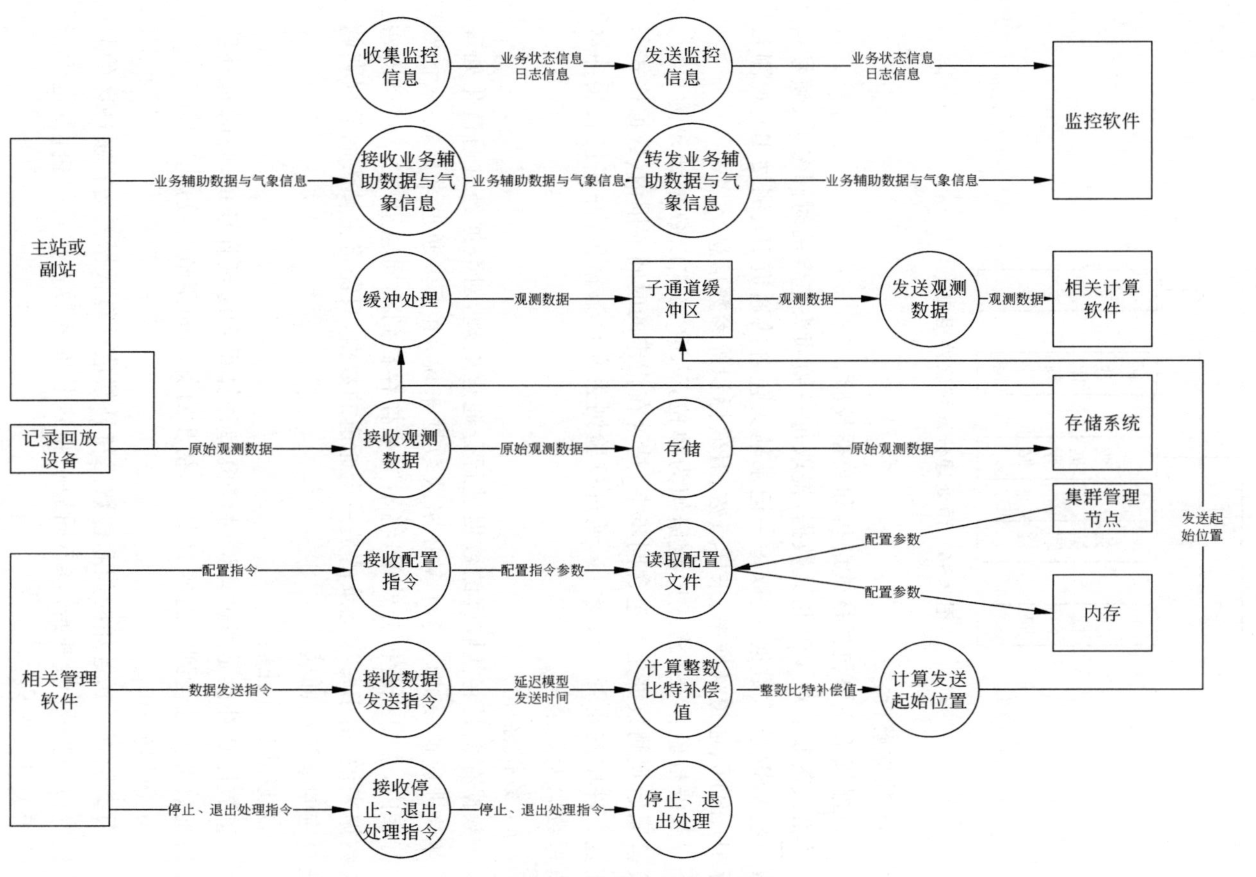

图 3-55 数据预处理信息流程

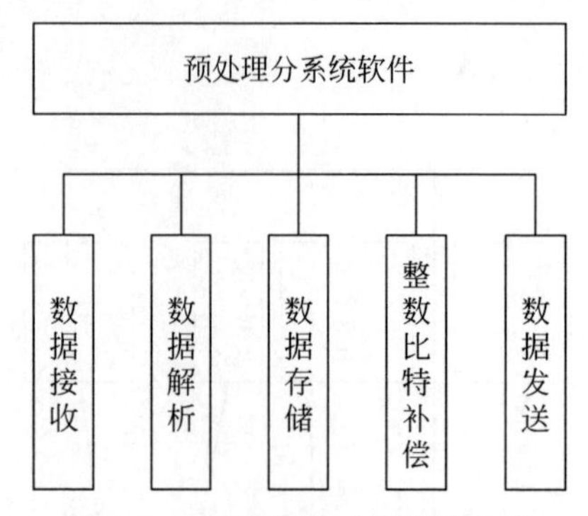

图 3-56 预处理分系统软件组成

3）数据解析

数据解析主要包括格式解析和数据校验。

格式解析：对 VSI 格式数据，提取每一帧帧头包含的时间参数、帧号参数；对 VSR 格式数据，提取每一记录帧头包含的通道 ID、测站 ID、观测目标 ID、时间、通道采样率、采样点数、有效标识等参数信息。

数据校验：VSI 格式以数据帧为单位，VSR 格式以数据记录为单位。校验原始观测数据是否包含同步字、是否在指定的时间范围内、数据格式与配置文件中的是否一致等；未通过校验则丢弃该数据包，并在接收缓冲区填写数据无效字符。

4）数据存储

数据存储是将接收到的数据进行分通道处理，对数据经过通道化处理后存储进通道缓冲区。对 VSI 格式数据来说，由于多通道采样在一个 32 比特字内，需要进行拆分处理，将不同采样存储到不同通道中；对 VSR 格式数据来说，由于每次记录的是一个通道的数据，只需将去帧头的数据存储进对应的通道缓冲区。

5）整数比特补偿

整数比特补偿是通过理论时延模型计算得到时延补偿值，将时延补偿值的整数部分补偿到发送的数据中，初步对齐不同测站的数据。

6）数据发送

根据数据发送起始时间和整数比特补偿值计算数据发送在缓冲区的起始位置，从起始位置开始，将不同通道指定长度的数据进行打包，发送到指定的相关计算节点。

3.8.3.2 相关处理分系统

相关计算节点通过万兆数据交换机接收数据预处理分系统发送的经过

分段的原始观测数据，对其进行条纹旋转、FFT、小数比特补偿、互谱计算、载波相位提取后，将互谱结果发送相关管理节点，由其进行积分处理、残余时延/残余时延率提取、误差修正等操作，输出最终测量结果给监控分系统。

1. 工作模式

按照任务类型，相关处理分系统主要工作于以下三种模式。

1）DOR 工作模式

DOR 工作模式即使用提取的残余基线延迟，经过差分处理后向任务中心提供 DOR/DOD 测量数据的过程。

DOR 数据处理首先基于互谱积分结果，进行基线残余延迟提取，并利用指定的差分参考数据对此基线残余延迟进行修正，叠加上理论模型延迟，获取最终的基线 DOR 测量数据；依据积分周期内的强信号相位推导延迟率，即 DOD 测量数据。在获取 DOR/DOD 测量数据后，将 DOR/DOD 数据发送给监控并由其转发给任务中心从而完成 DOR/DOD 测量任务。

2）ΔDOR 工作模式

ΔDOR 数据处理的过程与 DOR 数据处理过程基本相同，区别是 ΔDOR 的差分数据需要依靠多个差分观测通过内插来生成。

ΔDOR 数据处理首先基于互谱积分结果进行基线残余延迟提取，并利用指定的差分参考数据进行内插，通过内插值对此基线残余延迟进行修正，叠加上理论模型延迟，获取最终的基线 ΔDOR 测量数据；依据积分周期内的强信号相位推导延迟率，即 ΔDOD 测量数据。在获取 ΔDOR/ΔDOD 测量数据后，将 ΔDOR/ΔDOD 数据发送给监控并由其转发给任务中心从而完成 ΔDOR/ΔDOD 测量任务。

3）SBI 工作模式

SBI 工作模式是同一组观测站在对两个航天器目标同时观测时，获取两个观测站间的时延差信息的处理方式。工作时，两个航天器同时在两个测站的波束内，两个测站同时采集两个航天器的信号并记录，相关处理得到航天器 1 的延迟差、延迟差变化率，以及航天器 2 的延迟差、延迟差变化率。两组参数分别作差并处理，得到两个航天器的相对角位置和相对角位置变化率测量信息。两个航天器信号不同的多普勒频差保证了接收信号的分离，也可以人为设定两个航天器的信号频率以保证地面观测站接收到的信号频率能进行区分，避免同频干扰。

2. 工作流程

1）DOR 模式工作流程

DOR 模式工作流程如图 3-57 所示，协作关系如图 3-58 所示。

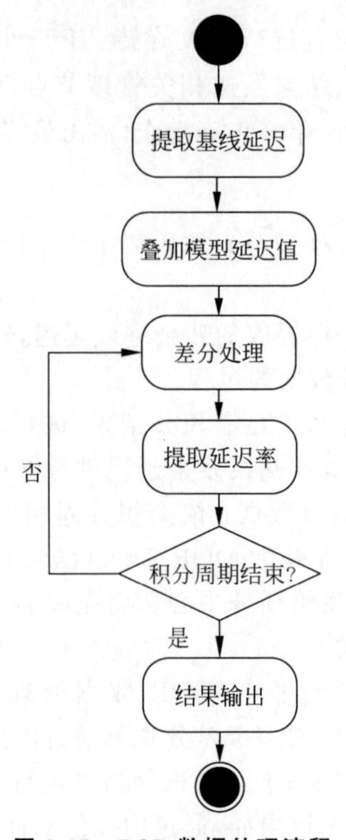

图 3-57 DOR 数据处理流程

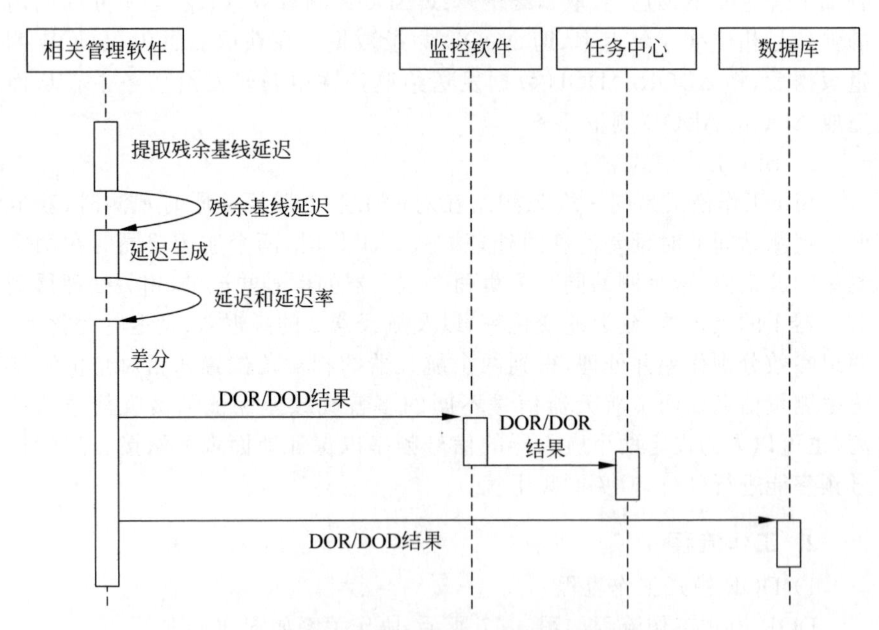

图 3-58 DOR 数据处理协作关系

2）ΔDOR 模式工作流程

ΔDOR 模式工作流程如图 3-59 所示，协作关系如图 3-60 所示。

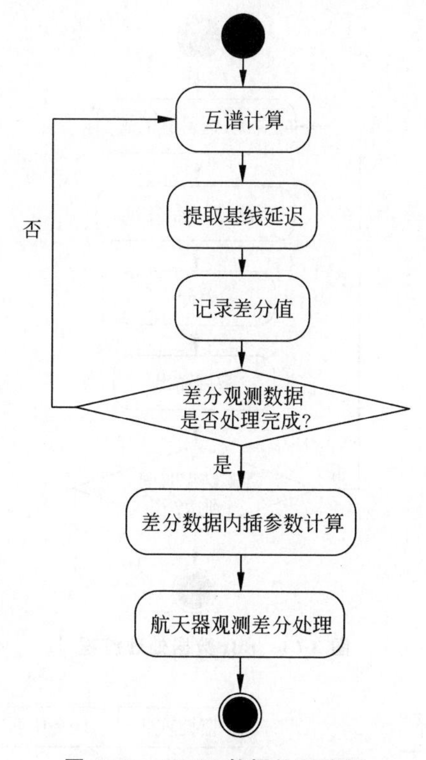

图 3-59 ΔDOR 数据处理流程

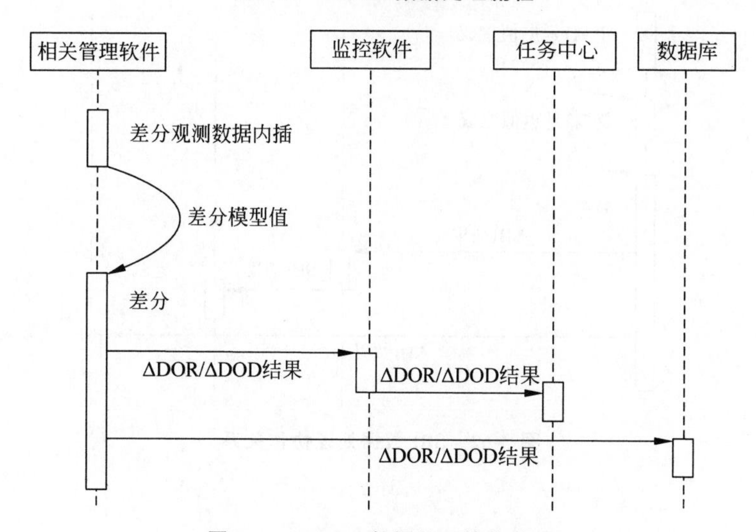

图 3-60 ΔDOR 数据处理协作关系

3）SBI模式工作流程

SBI模式工作流程如图3-61所示，协作关系如图3-62所示。

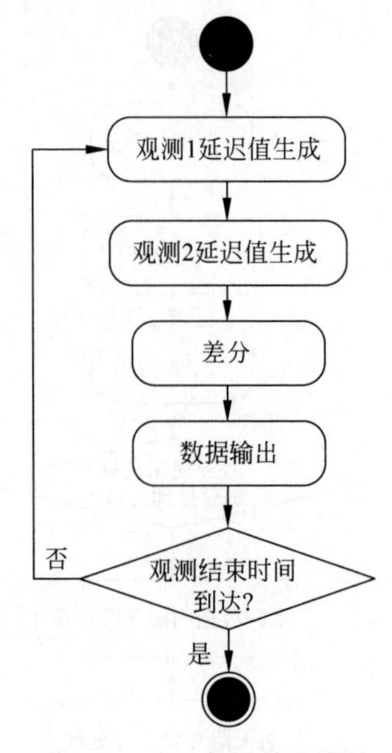

图3-61 SBI数据处理流程

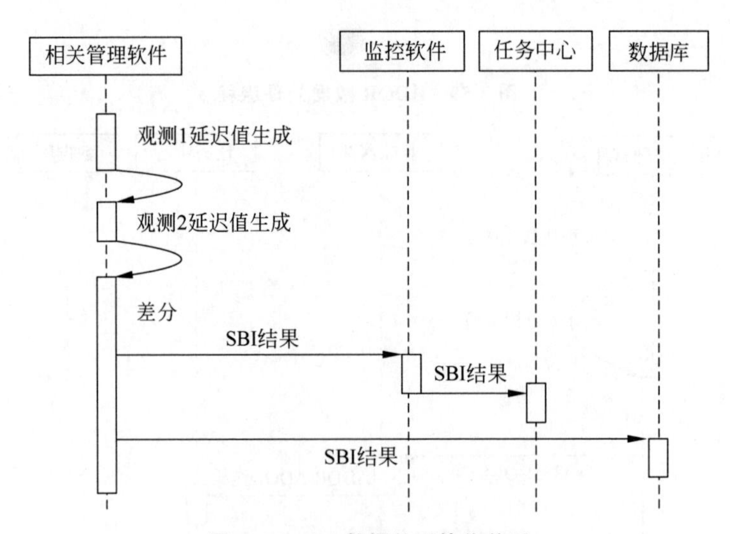

图3-62 SBI数据处理协作关系

3. 信号流程

相关处理分系统的信号流程如图 3-63 所示。

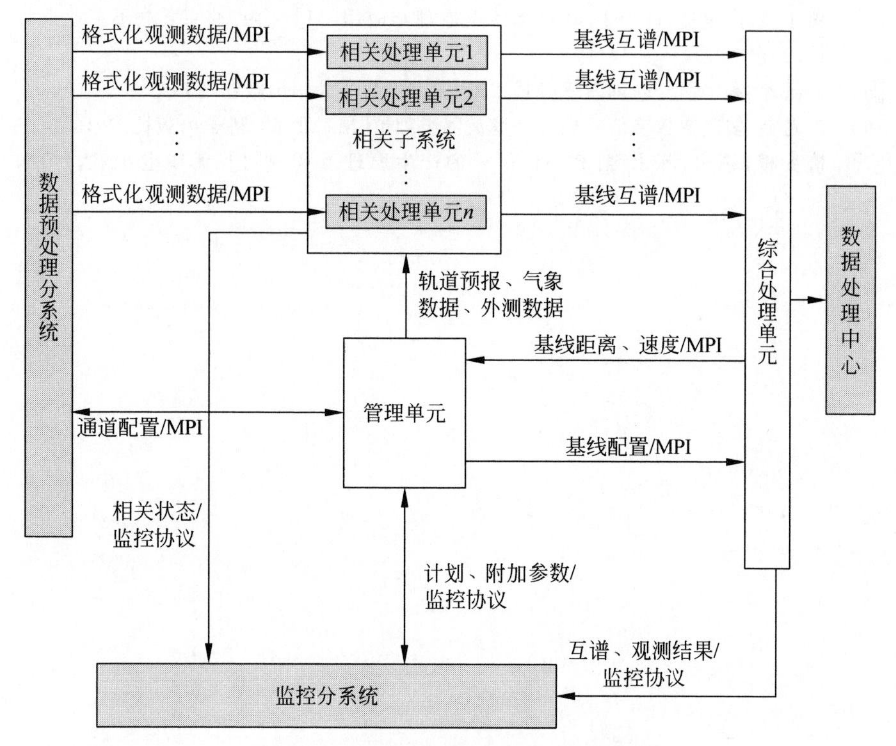

图 3-63 相关处理分系统信号流程图

具体包括：

(1) 管理单元：负责整个集群的监控和管理，充当集群中的 NFS 角色，管理测量任务；从监控分系统接收观测计划、轨道预报、气象数据、设备状态数据、外测数据等。

(2) 相关子系统：相关子系统由多个相关处理单元组成，每个相关处理单元负责处理一个基线的两路数据，并向综合处理单元提供互谱数据。

(3) 综合处理单元：综合处理单元接收各基线、各通道的互谱数据，并综合出最终测量结果。

参考文献

[1] 毛乃宏，俱新德. 天线测量手册[M]. 北京：国防工业出版社，1987.
[2] 国家质量技术监督局. 中华人民共和国国家标准：全球定位系统(GPS)测量规范

[M]. 北京：中国标准出版社，2001.

[3] NOTHNAGEL A. Conventions on thermal expansion modelling of radio telescopes for geodetic and astrometric VLBI[J]. Journal of Geodesy，2009，83(8)：787-792.

[4] 楼才义，徐建良，杨小牛. 软件无线电原理与应用[M]. 2版. 北京：电子工业出版社，2014.

[5] 程佩青. 数字信号处理教程[M]. 2版. 北京：清华大学出版社，2001.

[6] 王光宇. 多速率数字信号处理和滤波器组理论[M]. 北京：科学出版社. 2013.

[7] 檀祝根，翟宁，陈永强. PCAL信号的产生原理及实现[J]. 无线电工程，2015，45(6).

第4章 CEI系统工作模式及工作流程

4.1 工作模式

短基线干涉测量系统包括一主两副共3站，系统工作模式可分为非差分CEI模式和差分CEI模式。

非差分CEI模式与DOR模式相似，适用于目标方向上可选标校源数目或方向受限的情况，指的是系统在静地卫星观测前、后各对大角度偏差的高精度标校源进行观测，以获取包括传播介质、天线馈源、信道设备、钟差、站址等在内的系统差用于标校，其中主要与观测角度有关的误差如传播介质延迟等，需要依靠外在手段进行不同观测角度的误差修正；与观测时间有关的误差如设备延迟稳定性、天线变形等需要有相应的监测设备进行变化修正。

差分CEI模式与ΔDOR模式相似，适用于在目标方向上存在高精度标校源的情况，指的是在对静地卫星观测过程中，通过对与其角距不大(通常设定为10°以内)的其他标校源(射电星或具有精确轨道的卫星)进行交替观测，用于对消或减弱如传播介质、天线、设备群时延、钟差、站址等系统差，尤其是其中不易被建模的对流层湿项、电离层扰动、本振及采样钟随机初相、天线变形等误差项，但同样会引入关于标校源的位置及其测量误差等。

相对于VLBI系统，CEI系统测站间的钟差测量是利用高精度和高稳定的往返时延测量系统获取的，其频率同步精度不会使系统GPS驯服铷钟的长稳指标(秒稳为10^{-11}，天稳为10^{-12})恶化，其时间同步精度可达几十皮秒量级。

4.2 系统工作流程

根据任务需求，短基线干涉测量系统主要工作在DOR测量体制、ΔDOR测量体制和SBI测量体制，利用下行信号进行站间群时延和载波相时延测量。系统工作的信息流程如图4-1所示。

(1) 任务中心向网管中心发送干涉测量任务需求，网管中心制定多站设备工作计划并将其下发至各测站和相关处理设备，驱动干涉测量任务，计划应包括任务标识、观测时间等。

(2) 集中监控平台将3站的干涉测量设备作为一个整体进行统一监视和控制。

(3) 相关处理设备以及主副3站共4套设备独立运行，分别受集中监控的统一监视和控制。

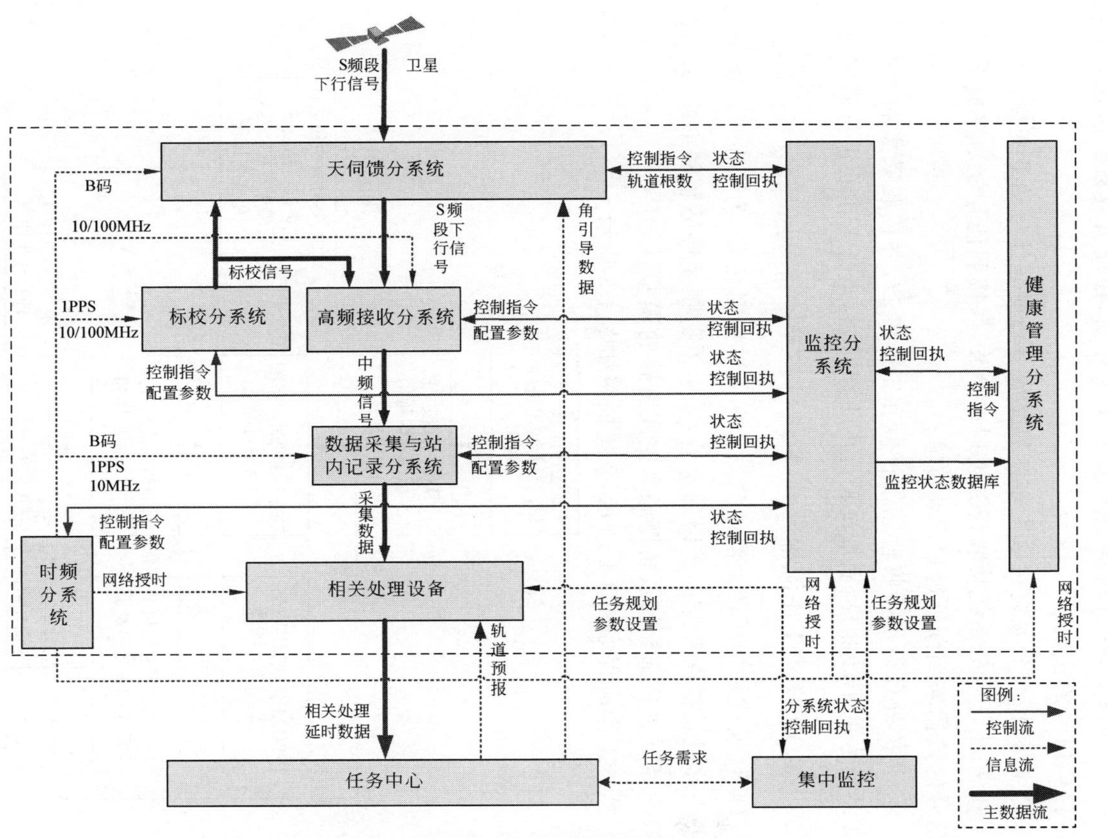

图 4-1 系统工作的信息流程图(后附彩图)

(4) 各个测站由站内系统监控自动完成工作计划接收及读取，在工作计划的驱动下自动形成任务执行流程，控制站内各个分系统按照相应的参数和计划进行工作：

① 天伺馈分系统接收轨道根数和工作计划，在程引或数引模式下完成下行目标信号的接收；

② 高频接收分系统接收工作参数完成下行射频信号的下变频；

③ 采集记录分系统接收任务规划和参数，并按照任务规划完成下行中频信号的数据采集预处理和记录传输；

④ 相关处理设备接收轨道预报值和工作参数，并接收采集的数据，完成3站信号的干涉测量，获取高精度的干涉时延，送任务中心进行测定轨。

4.2.1 DOR模式工作流程

DOR模式是利用两个测站测量目标的单向时延差，为了在干涉测量过程中去除设备链路和空间链路的误差，采用了射频闭环标校和GNSS、水汽辐射计等方法分别标校设备链路和空间链路的误差。

具体工作流程如图4-2所示，系统框图如图4-3所示。

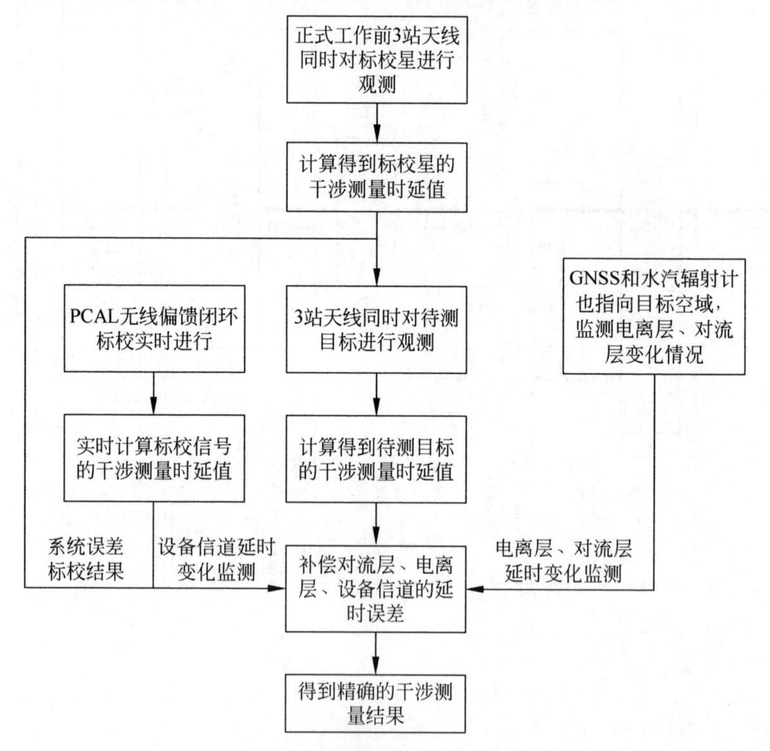

图4-2 DOR模式工作流程图

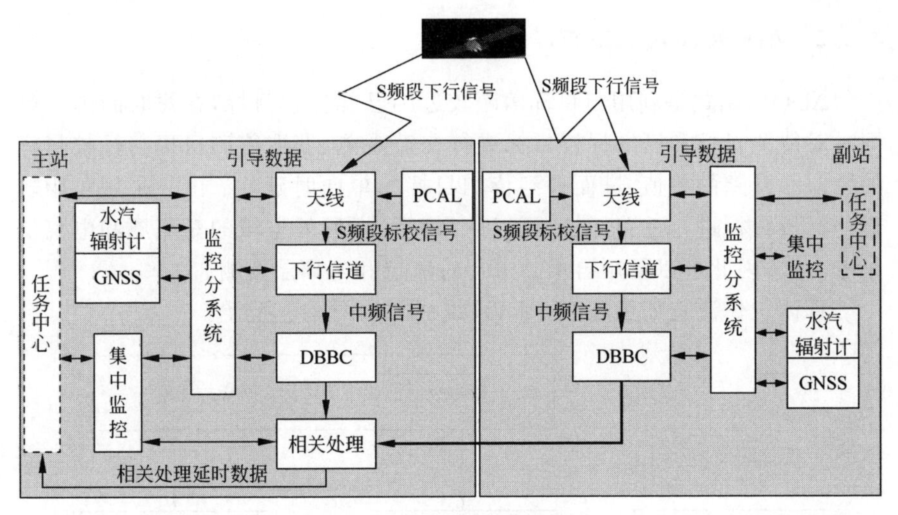

图 4-3 DOR 模式系统框图

(1) 任务中心下发任务需求到集中监控设备,同时下发引导数据和轨道预报值到 3 个测站;

(2) 集中监控设备接收任务需求,根据任务需求进行任务规划、参数配置,并将任务规划和参数配置下发到 3 个测站;

(3) 站内监控接收集中监控下发结果,并控制站内各个分系统;

(4) ACU 接收任务中心的引导数据,引导天线指向目标空域,天线接收目标下行信号,同时引导 GNSS 和水汽辐射计也指向目标空域,监测电离层、对流层变化情况;

(5) 同时 3 个测站的延迟校准信号产生器(PCAL 设备)产生标校信号经偏馈阵子发射,天线接收;

(6) 3 个测站的接收信号(包含目标下行信号和标校信号)分别经下变频、数据采集后,送相关处理设备;

(7) 相关处理单元通过解算标校信号的相关处理结果,实时监测 3 个测站设备链路之间的时延差变化值,并将计算结果补偿到目标的下行信号中;

(8) 同时 3 个测站的 GNSS 和水汽辐射计数据也送站内监控分系统,由监控分系统计算得到目标方向电离层和对流层引入的时延变化,并将计算值送相关处理设备进行补偿;

(9) 相关处理单元解算 3 个测站 3 条基线的相对目标的时延差测量结果,并补偿标校结果,将结果送任务中心进行测定轨。

4.2.2 ΔDOR 模式工作流程

ΔDOR 模式是利用与目标角距较近的已知标校目标，在短时间内 3 站同时对待测目标和已知标校目标进行交替观测，获取待测目标与标校目标的单向时延差的差值，进而得到待测目标的单向时延差。由于采用角距较近的标校目标进行链路标校，可以认为两目标所处空域的对流层和电离层延迟一致，因此可以不用再单独进行对流层和电离层监测。

具体工作流程如图 4-4 所示，系统框图如图 4-5 所示。

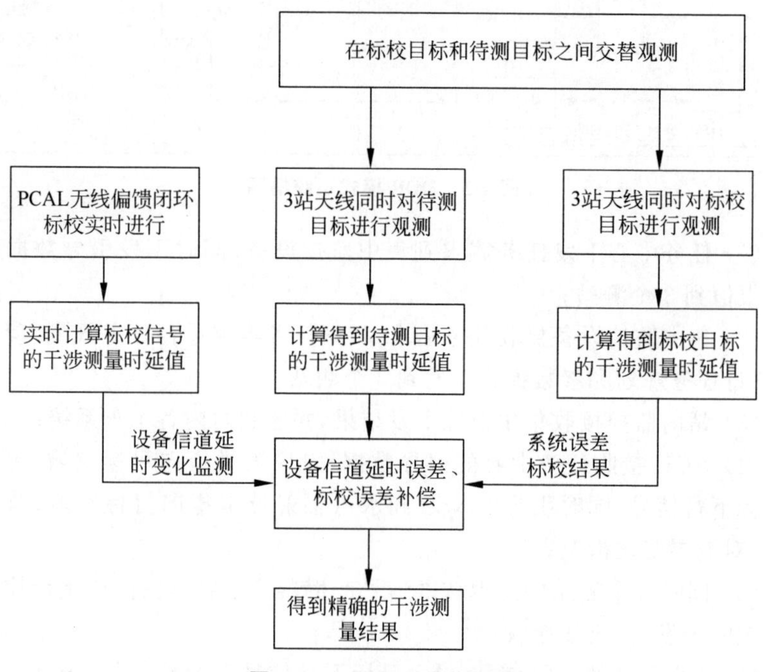

图 4-4 ΔDOR 工作流程图

(1) 任务中心下发任务需求到集中监控设备，同时下发引导数据和轨道预报值到 3 个测站；

(2) 集中监控设备接收任务需求，根据任务需求进行任务规划、参数配置，并将任务规划和参数配置下发到 3 个测站；

(3) 站内监控接收集中监控下发结果，并控制站内各个分系统；

(4) ACU 接收任务中心的引导数据，并根据任务规划引导天线短时间内交替指向待测目标和标校目标空域，分别接收两目标下行信号；

(5) 同时 3 个测站的延迟校准信号产生器（PCAL 设备）产生标校信号

经偏馈阵子发射，天线接收；

(6) 3个测站的接收信号(包含目标下行信号和标校信号)分别经下变频、数据采集后，送相关处理设备；

(7) 相关处理单元通过解算标校信号的相关处理结果，实时监测3个测站设备链路之间的时延差变化值，并将计算结果补偿到目标的下行信号中；

(8) 相关处理单元解算3个测站3条基线的相对目标时延差测量结果，并补偿标校结果，将结果送任务中心进行测定轨。

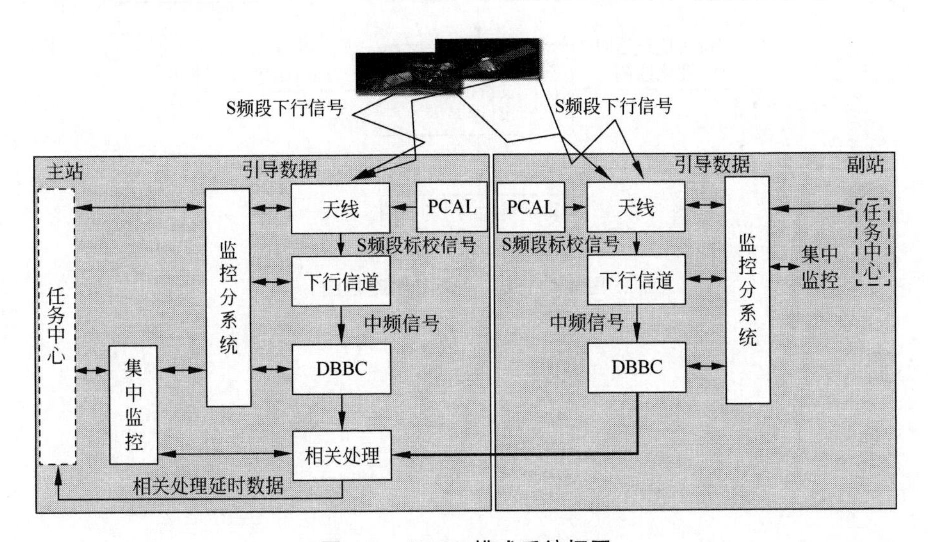

图 4-5 ΔDOR 模式系统框图

4.2.3 SBI 模式工作流程

ΔDOR 模式是利用与目标角距较近的已知标校目标，在短时间内进行交替观测以标校链路延迟，这种交替观测方式存在如下问题：一是需要天线频繁切换指向；二是两目标不在同一方向，空间链路的延迟不能完全一致。

如果在目标周围天线波束覆盖范围内存在一个已知的标校目标，就可以进行 SBI 观测，即同波束干涉测量。

SBI 模式工作流程(图 4-6)与 ΔDOR 相似，但不需要再将天线在两目标之间切换，指向待测目标即可。

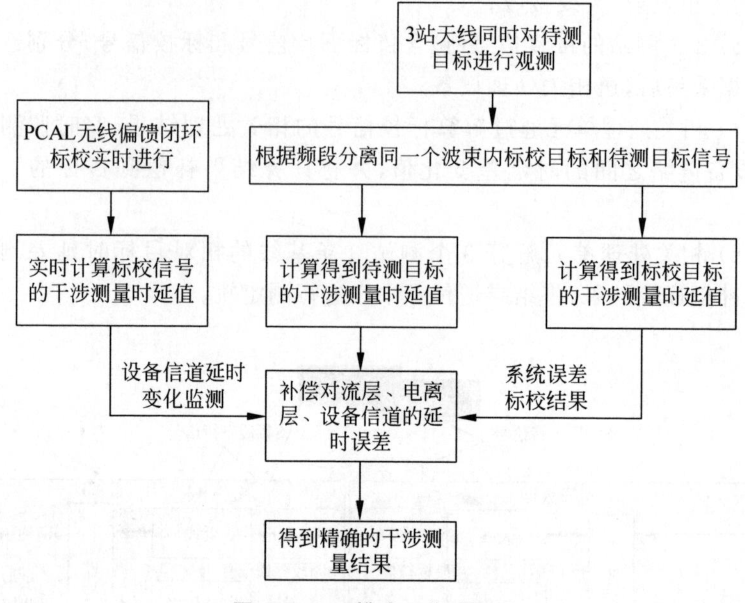

图 4-6 SBI 模式工作流程图

第5章

CEI系统关键技术

5.1 概述

为了实现CEI系统的实时高精度测量,需要突破三大关键技术,分别是基于光纤的高精度时频传递技术、CEI载波相时延精确测量技术和高集成度软相关处理技术。通过突破基于光纤的高精度时频传递技术,确保CEI系统各测站频率共源,基本忽略频率源引入的测量误差;通过突破CEI载波相时延精确测量技术,解决载波相位解整周模糊的问题,得到高精度的相时延测量结果;通过突破高集成度软相关处理技术,确保干涉测量数据能够实时相关处理。

5.2 基于光纤的高精度时频传递技术

基于光纤的时频同步技术凭借传输损耗低、隔绝电噪声、分布广泛等优势而受到广泛关注。信号在光纤链路中传输时,由于受到环境因素的影响(例如温度变化、应力改变等),信号相位会出现起伏,即引入相位噪声。通过对信号在光纤链路中传输时引入的相位噪声进行补偿,可以实现时频信号的高精度传输。

5.2.1 高精度频率传递技术

频率同步技术方案主要分为基于相位补偿的光频传输、基于光程控制的微波频率传输、基于相位控制的微波频率传输和光梳信号稳相传输。目前广泛应用于守时实验室间常态化频率比对,精密测量领域各物理量的量值传递、溯源与比对,以及国内外大型实验项目。

1. 利用光频率实现的频率传递技术

与微波信号相比,光频信号处于高频段,若实验系统具有相同鉴相精度,则光频传输得益于基频高而具有同步稳定度高的优势。但基于相位补偿的光频传输实验系统(图5-1)通常需要配备窄线宽激光系统、飞秒光梳系统等设备,实验系统结构均较为复杂且价格昂贵。因此,该方案主要应用于原子频标实验室间的光频原子钟信号比测,例如美国天体物理联合研究所(Joint Institute of Laboratory Astrophysics,JILA)与美国国家标准技术研究所(National Institute of Standards and Technology,NIST)之间利用光纤实现光频传输,对锶光钟与钙光钟进行比对,相对不确定度达到10^{-16}

量级[1]。德国物理技术研究院与量子光学研究所在 920km 光纤链路上实现了光频信号稳相传输，频率传输秒稳达到 1×10^{-15}，千秒稳优于 10^{-18} 量级，光频原子钟信号比对不确定度达到 10^{-19} 量级[2]。日本信息通信研究机构通过 60km 光纤链路光频稳相传输，对两台异地锶光晶格钟进行比对，它们的短期稳定度能够达到 10^{-16} 量级[3]。

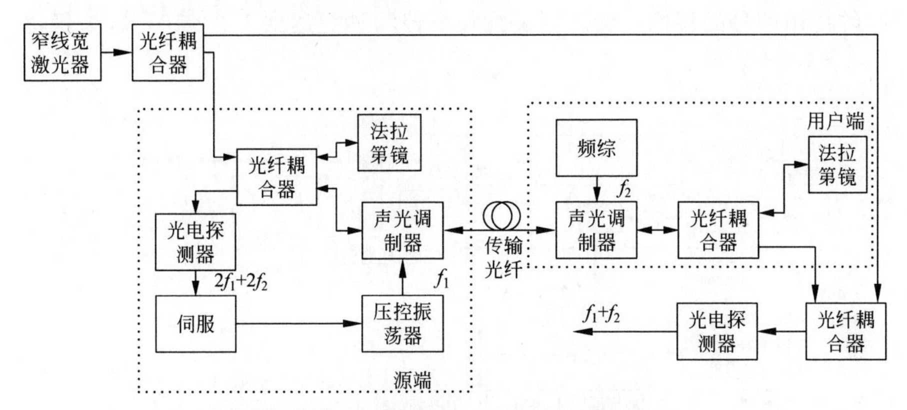

图 5-1 基于相位补偿的光频传输实验系统

2. 基于光纤延迟线的光程控制的微波频率传输

将微波射频信号调幅到光信号上进行传输，并基于鉴相得到相位噪声误差信号，通过控制链路中的可变延迟线来补偿光纤链路引入的相位噪声。

以法国 LINE-SYRTE 实验室在 86km 光纤链路上的微波频率传输实验[4]为例介绍基于光程控制的微波频率传输基本原理（图 5-2）。在发射端，压控振荡器输出频率为 100MHz 的信号作为参考频率信号，相位锁定在参考频率信号上的 YIG 微波振荡器输出 9.15GHz 待传输微波信号。该信号对 1550nm 激光信号（由 EAM-DFB 产生）进行振幅调制后，通过光纤链路由发射端传输至接收端。为了减小光纤链路中往返传输的频率信号之间的相互干扰、降低光纤链路中各连接点处的寄生反射及布里渊后向反射，在接收端经探测器解调得到的 9.15GHz 微波信号通过相位锁定的方法将频率变换为 9.25GHz。该信号携带有 9.15GHz 微波信号在光纤链路中传输时引入的相位噪声信息。在对另一个 1550nm 激光信号进行振幅调制后，9.25GHz 微波信号经同一光纤链路由接收端传输至发射端。经过探测器解调后，该信号分别与 YIG 微波振荡器输出的 9.15GHz 信号和压控晶体振荡器输出的 100MHz 信号混频，得到包含相位噪声信息的误差信号。使用该信号控制发射端的两个可变延迟线来补偿光纤链路引入的相位噪声。这两个可变延迟线分别为15m缠绕在压电陶瓷(PZT)圆柱体上的光纤和2.5km温度可控的光纤盘纤。前者通过改变压电陶瓷上的电压来拉伸光纤,能够补偿快变相位扰动,补偿动态范围为15ps,带宽为1kHz;后者通过控制光纤盘纤温度来拉伸光纤,能够补偿慢变相位扰动,补偿动态范围约4ns。这相当于能够补偿86km光纤链路所处环境温度变化1.5℃所引起的传输信号的相位起伏。该实验频率传输秒稳达到1.3×10^{-15},天稳优于1×10^{-18}。

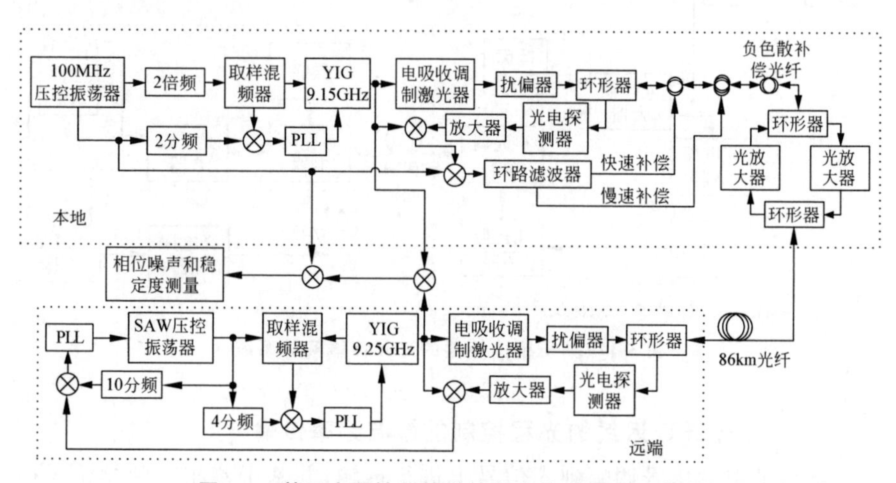

图5-2 基于光程控制的微波频率传递原理示意图

基于光程控制的微波频率传输技术的优势在于传输稳定度高,相位噪声补偿效果与传输信号的频率无关,并且可以实现对同一光纤链路中同时传输的多路频率信号进行相位噪声补偿。该技术的缺点在于预置光纤的长度变化范围有限,因此相位噪声补偿范围明显受限,当环境扰动较为剧烈时该方案无法进行有效补偿。

3. 基于相位控制的微波频率传输

该方案的工作原理[5]如图5-3所示。在近端参考单元,100MHz的频率源与20MHz的参考信号混频得到80MHz和120MHz的两个频率信号,利用带通滤波器将二者分离;压控振荡器输出100MHz的频率信号经发射模块输入到光纤链路中进行传输。在远端接收单元,利用耦合器将远端的光信号分成两部分,其中一部分经过光电探测器解调输出100MHz的频率信号,另一部分利用环形器重新输入到光纤返回发射端;返回的100MHz信号带有光纤链路引入的噪声,经过光电探测器解调和PLL滤除部分噪声后与近端120MHz信号进行混频、滤波,从而得到含有链路噪声的20MHz

频率信号。同时,80MHz 频率信号与近端压控振荡器输出的 100MHz 信号进行混频、滤波,也可以得到 20MHz 的参考信号。将两个 20MHz 的频率信号进行鉴相,再经过环路滤波器就可以得到一个模拟电压,该模拟电压的大小可以反应链路相位噪声的大小;利用该电压可以对压控振荡器的输出信号频率进行控制,能够使得近端发射信号和远端返回信号具有相位共轭的关系,并且远端信号的相位也被稳定在某一参考相位。

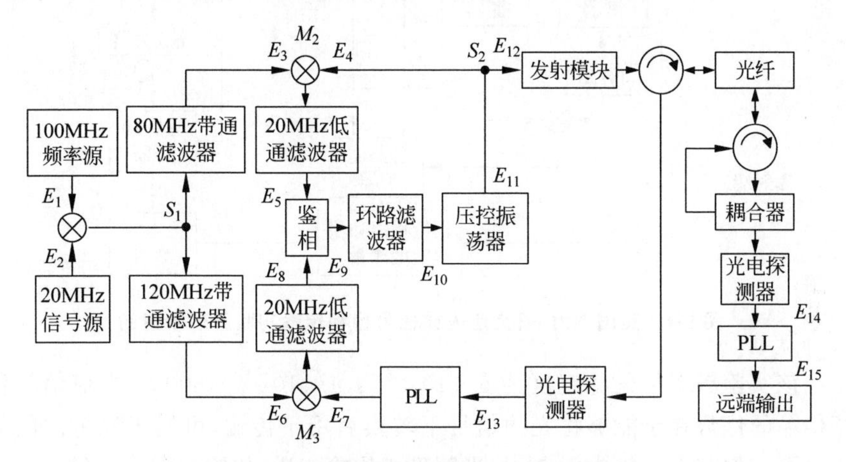

图 5-3 基于相位控制的微波频率传输方案

4. 光梳信号稳相传输技术

以英国 NPL 研究所在 86km 光纤链路上传输 30nm 宽光梳信号为例介绍其基本原理[6],如图 5-4 所示。

1.56μm 锁模光纤激光器发出基频重复率 250MHz、脉冲宽度 150fs 的脉冲激光,基频重复率相位锁定在 GPS 驾驭的超稳晶振上。脉冲激光经过光纤耦合器被分为两部分,一部分作为本地参考信号,另一部分经过光纤环形器、光纤拉伸器、温控光纤后,进入 86km 光纤链路从发射端传输至接收端。经过光功率放大后,一部分激光脉冲供用户使用,另一部分由接收端传输回发射端。返回激光脉冲经探测器探测并滤波后,输出基频重复率的 8 次谐波,即频率为 2GHz 的微波信号。本地参考信号同样经探测器探测并滤波后,输出基频重复率的 32 次谐波,即频率为 8GHz 的微波信号。这两个信号通过除法器、混频器后产生误差信号,误差信号经过积分电路后控制光纤拉伸器及温控光纤,通过改变光纤长度补偿激光脉冲在光纤链路中传输时引入的相位噪声。该过程与基于光程控制的微波频率传输方法类似,不再赘述。

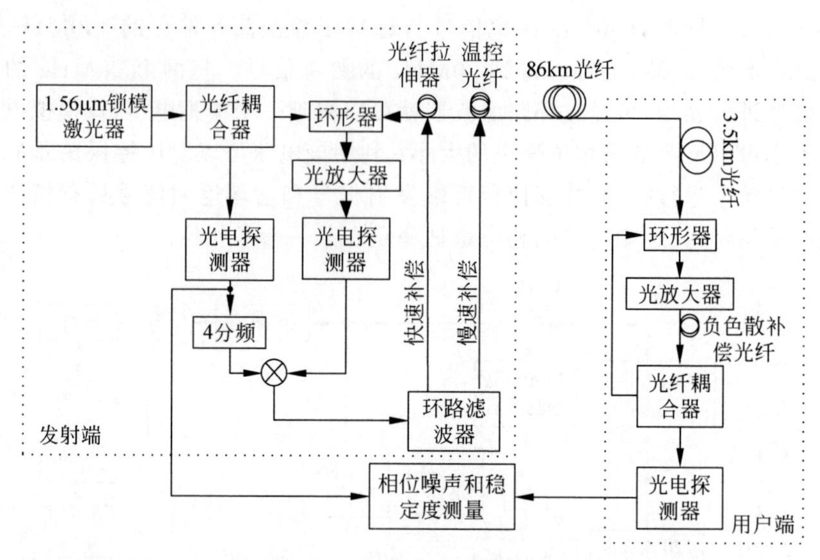

图 5-4 英国 NPL 研究所光梳信号稳相传输实验原理示意图

该实验频率传输稳定度为 5×10^{-15}/s，4×10^{-17}/1600s。光梳信号稳相传输的优势在于能够将光频信号下转换后用于传输，可用于光钟之间的比对等。但其设备较为复杂，与光频稳相传输相比，传输稳定度也较低。

5. 小结

各种频率传递技术对比如表 5-1 所示。

表 5-1 各种频率传递技术对比

研究机构	技术手段	达到指标
法国 LINE-SYRTE 实验室	光纤延迟线 光载射频	86km：小于等于 3×10^{-15}/s 小于等于 5×10^{-18}/d
德国 PTB 研究所	相位补偿 光频	300km：小于等于 1×10^{-15}/s 小于等于 1×10^{-18}/d
清华大学	相位补偿 光载射频	80km：小于等于 8×10^{-15}/s 小于等于 5×10^{-18}/d
上海交通大学	光纤延迟线 光载射频	100km：小于等于 5×10^{-14}/s 小于等于 9×10^{-17}/d
国家授时中心	相位补偿 光频	112km：小于等于 3×10^{-16}/s 小于等于 4×10^{-20}/d

综合以上对比分析可知，基于光频/光梳高精度频率传递技术的传递精度最高，但是其实现设备较复杂，成本较高。基于相位控制和基于光纤延迟线的高精度频率传递技术的传递精度较高，可满足系统使用需求，因此实际工程中选用相位控制技术实现高精度频率传递。

5.2.2 高精度时间传递技术

时标同步技术广泛应用于导航定位及通信等领域，主要有基于 SDH 的光纤双向时间传递、基于 1PPS 的光纤时间传递等。目前主要的同步方案包括 IEEE 1588 精密定时协议、White rabbit 时钟同步技术、双向时间比对技术以及利用双激光波长实现的时间同步技术等。

1. IEEE 1588 精密定时协议

在通信网络中，业务的正常运行离不开网络时钟同步。现行的互联网网络时间协议（NTP，network time protocol）、简单网络时间协议（SNTP，simple network time protocol）等同步精度较低[7]。为解决通信网络对时间同步的需求，国际电气和电子工程师协会于 2002 年发布了精密时钟同步协议标准（IEEE 1588），该标准采用精确时钟同步协议（PTP，precision time protocol），目前已发展到第 2 版。该协议将数据传输的时间戳信息加入通讯报文中，经过数据传输、交换与计算获得通讯时钟之间的时间差，从而校准时钟，实现网络内时钟同步，同步精度在微秒量级[8]。

利用该协议构建的系统具有分布式网络结构，网络内的时钟按照同步层级区分为主时钟和从时钟。每个设备都包含多个时钟同步端口，对于上级设备（即主设备）来说，其时钟端口为主端口；相应的，对于下级设备（即从设备）来说，其时钟端口为从端口。主从设备按照一定的时间间隔进行数据交换，同时记录数据收发时间，具体工作原理如图 5-5 所示。

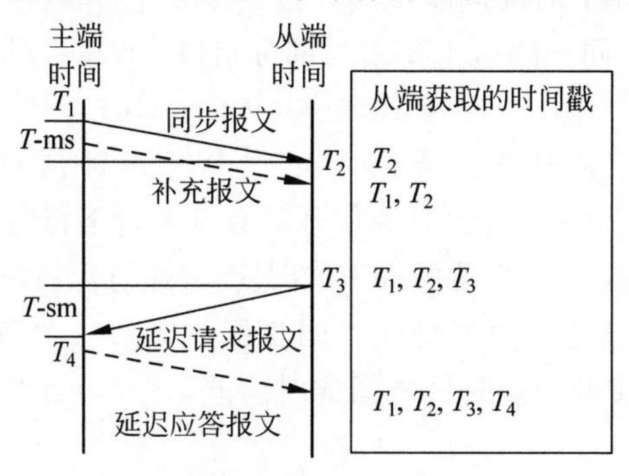

图 5-5 PTP 报文交换过程

主时钟和从时钟之间的时间差(Offset)和链路时延(Delay)分别为

$$\frac{1}{2}[(T_2-T_4)+(T_3-T_1)]=\text{Offset} \tag{5-1}$$

$$\frac{1}{2}[(T_2-T_1)+(T_4-T_3)]=\text{Delay} \tag{5-2}$$

根据计算出的时间差调整从时钟即可实现主从时钟同步。

由上文可知,PTP依靠时间戳的测量与传输获得主从时钟之间的时间差,因此时钟同步的准确度依赖时间戳的准确度及分辨率。由于时间戳以数据包的形式在网络中传输,传输过程中需要经过多种网络器件,器件性能各有不同,输入输出时会引入不确定的时延,从而影响时间戳的准确度。时间戳的分辨率受限于网络中的时钟频率,例如千兆以太网中时钟频率为125MHz,时间分辨率仅为8ns。此外,网络上下行时延不对称也是阻碍时钟同步精度进一步提高的重要原因之一。

综上所述,与NTP协议相比,PTP协议利用软硬件相结合的方式,提高了时间同步精度。但该协议的运行需要具有透传时钟能力的交换机,这大大限制了它的应用范围。

2. White rabbit时钟同步技术

White rabbit时钟同步技术是由欧洲核子研究组织(CERN)于2008年提出的,其设计初衷是解决加速器的同步控制问题。该技术将以太网作为数据传输的物理层,兼容现有标准,即以太网(IEEE 802.3)、同步以太网以及PTP协议,解决了IEEE 1588协议中限制时钟同步精度的主要问题,将时钟同步精度由微秒量级提高到亚纳秒量级[9-10]。

White rabbit时钟同步技术具有如下优势:时间基准能够从中央位置向多个节点传输,传输准确度优于1ns,传输精度优于50ps;能够同时为1000多个节点服务;时间同步距离超过10km。

White rabbit同步网络主要由三部分组成:WR主端点(WR master)、WR交换机(WR switch)和WR端点(WR node),同步网络拓扑结构如图5-6所示。WR主端点主要用于接收参考时钟信号(包括秒脉冲和10MHz频率信号),并将包含时钟信号的数据通过下行链路逐级向下传输。下级WR交换机或作为终端的WR端点也可通过上行链路与上级WR交换机或WR主端点进行数据交换。同步网络中每一个节点通过与上级节点进行时钟信号交换测量时钟之间的时间差,并对节点时钟进行调整,实现全网时钟同步。

具体来说,White rabbit同步链路建立在PTP时间同步的基础上,在

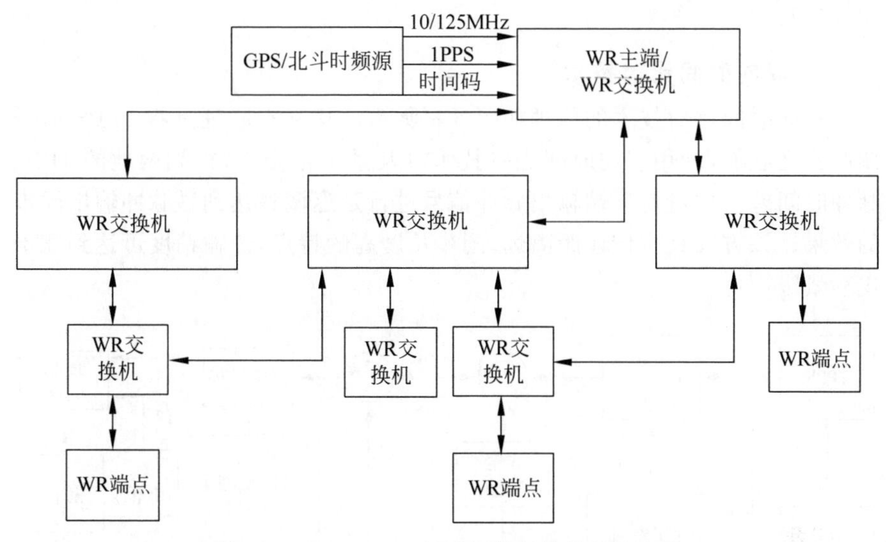

图 5-6 White rabbit 同步网络拓扑结构示意图

实现了 PTP 协议中粗测时间戳修正后，使用数字双混频法对数据传输延迟进行细测，得到主从节点时钟之间的更为精确的相位差。

具体修正方法如下：为提高时间戳测量精度，White rabbit 将时间间隔测量转化为相位测量，后者具有更高的测量精度，原理如图 5-7 所示。$\mathrm{clk_A}$ 和 $\mathrm{clk_B}$ 频率基本相同，他们之间的相位差为待测量。外部锁相环产生一个与待测信号频率接近的辅助时钟信号：

$$f_{\mathrm{PLL}}=\frac{N}{N+1}f_{\mathrm{clk_A}} \tag{5-3}$$

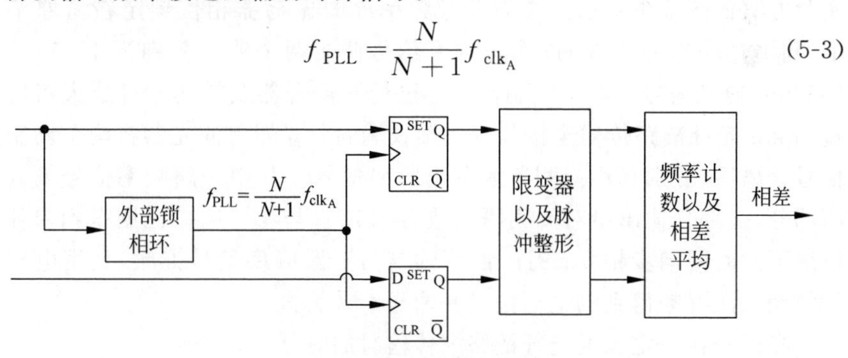

图 5-7 数字双混频鉴相环路

通过数字双混频法，$\mathrm{clk_A}$ 和 $\mathrm{clk_B}$ 之间的相位差的时间分辨率被提高了 $N+1$ 倍。White rabbit 时钟同步技术在 PTP 协议的基础上进一步提高了时间同步精度，并且具有同步距离长、节点数多等优势，其目前广泛应用于国内外大型实验项目(例如平方公里阵列望远镜项目、LHAASO 地面探测器阵列）。

3. 双向时间比对技术

双向时间比对技术的原理如图5-8所示。其基本原理是将1PPS信号调制到光载波，利用双向时间比对技术以及系统差修正，得到两地的1PPS脉冲时间差。通过对远端输出脉冲信号进行延迟调整达到秒脉冲输出同步的效果。该方案具有传输距离远，同步精度高的特点，传输精度可达到几十皮秒量级[11]。

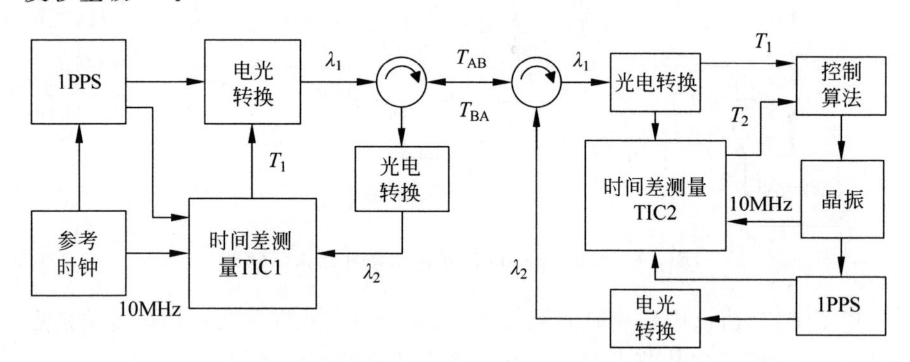

图5-8 双向时间比对技术方案原理框图

4. 利用双激光波长实现的时间同步技术

以瑞典国家技术研究所的双激光波长时间同步技术[12]为例进行介绍，实验方案如图5-9所示。作为参考频率源的振荡器相位锁定在氢原子钟上，利用其输出的10MHz参考频率信号调制两个波长分别为1535nm和1553nm的光信号。两个调制信号经过光纤耦合器及掺铒光纤放大器后通过38km光纤链路传输至接收端。接收端的分光器及滤光器将两个调制光信号分离后，分别利用探测器解调出频率信号。其中一路频率信号被分为两部分，一部分输出给时间间隔计数器（TIC），与参考频率比测得到未补偿情况下的时间同步精度；另一部分则与另一路频率信号混频，利用电压表采集经三次混频得到的电压信号并输送给计算机。

光信号在一定长度光纤链路中传输时的时延可以表示为

$$\tau=\frac{L}{c}\left(n-\lambda\frac{\mathrm{d}n}{\mathrm{d}\lambda}\right) \tag{5-4}$$

其中，L为光纤链路长度，n为折射率，c为光速。由式（5-4）可知，不同波长的光信号在相同长度的光纤链路中传输时的时延并不相同。同时，传输时延也是温度的函数，将式（5-4）对温度求导，得到：

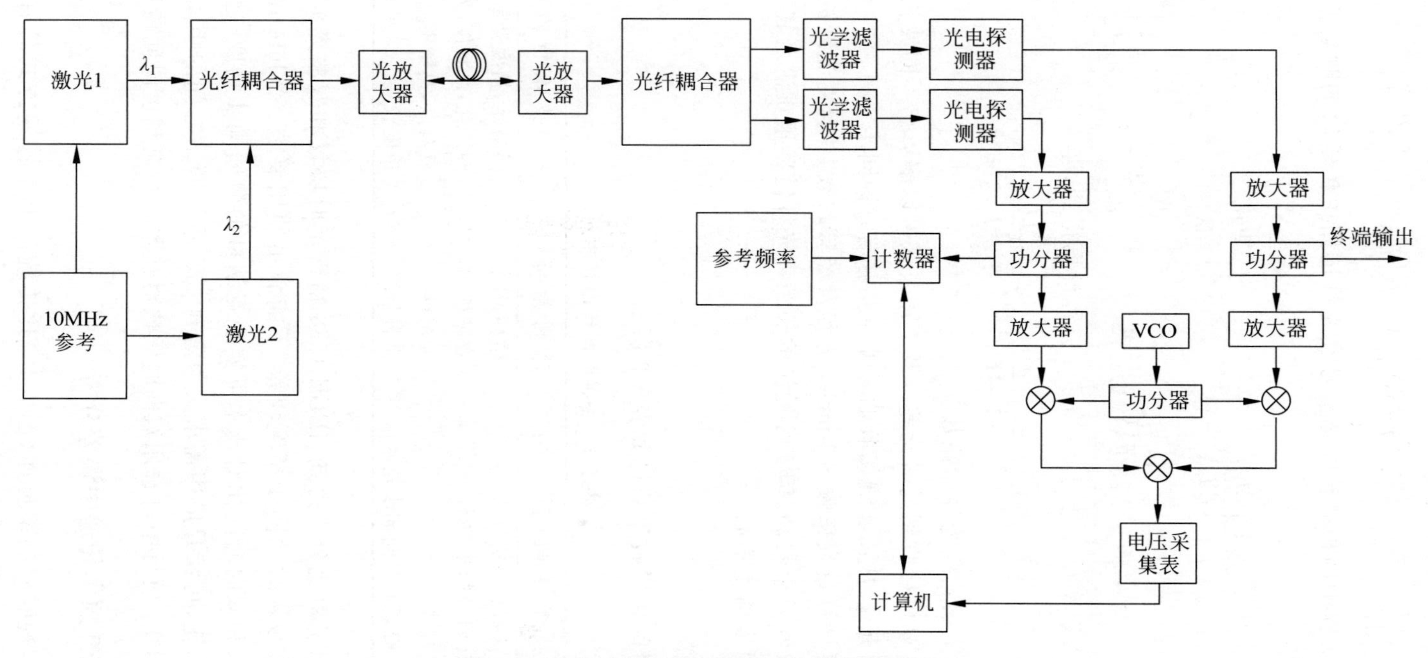

图 5-9 瑞典国家技术研究所时间同步方案示意图

$$\left.\frac{\mathrm{d}\tau}{\mathrm{d}T}\right|_{\lambda}=\frac{1}{c}\left[\frac{\mathrm{d}L}{\mathrm{d}T}\left(n-\lambda\frac{\mathrm{d}n}{\mathrm{d}\lambda}\right)+L\left(\frac{\mathrm{d}n}{\mathrm{d}T}-\lambda\frac{\mathrm{d}^2 n}{\mathrm{d}\lambda\,\mathrm{d}T}\right)\right] \tag{5-5}$$

因此,实验中两种波长的光信号在光纤链路中传输时的时延差与温度的关系满足:

$$\left.\frac{\mathrm{d}\tau}{\mathrm{d}T}\right|_{\lambda_1-\lambda_2}=\frac{1}{c}\left[\frac{\mathrm{d}L}{\mathrm{d}T}\left((n_{\lambda_1}-n_{\lambda_2})-\lambda_1\frac{\mathrm{d}n_{\lambda_1}}{\mathrm{d}\lambda_1}+\lambda_2\frac{\mathrm{d}n_{\lambda_2}}{\mathrm{d}\lambda_2}\right)+\right.$$
$$\left.L\frac{\mathrm{d}}{\mathrm{d}T}\left((n_{\lambda_1}-n_{\lambda_2})-\lambda_1\frac{\mathrm{d}n_{\lambda_1}}{\mathrm{d}\lambda_1}+\lambda_2\frac{\mathrm{d}n_{\lambda_2}}{\mathrm{d}\lambda_2}\right)\right] \tag{5-6}$$

其中,折射率可以通过Sellmeier方程计算得到,即

$$n^2=A+\frac{B}{1-C/\lambda^2}+\frac{D}{1-E/\lambda^2} \tag{5-7}$$

其中,A、B、C、D、E为经验系数。

利用计算机接收到的时延差以及上述公式可以解算出不同波长光信号传输时的时延τ,从而实现接收端时钟与发射端时钟同步。

本方案计算过程依赖Sellmeier方程及经验系数,并且对光纤链路物理特征的一致性要求较高,但实际铺设的长距离光纤链路很难满足其要求,因此本方案同步精度不高。

5. 小结

各种时间传递技术对比如表5-2所示。

表5-2 各种时间传递技术对比

技术手段	达到指标	技术特点
IEEE 1588精密定时协议	微秒量级	网络化,精度受限
White rabbit时钟同步技术	亚纳秒	网络化,高精度
双向时间比对技术	亚纳秒	点对点,高精度
双激光波长实现的时间同步技术	微秒量级	精度较差

综合以上对比分析可知,IEEE 1588精密定时协议和双激光波长实现的时间同步技术时间同步精度较差,不能满足使用要求。White rabbit时钟同步技术和双向时间比对技术可实现亚纳秒的时间同步精度,通过对系统差进行修正,可满足应用需求。考虑到CEI系统两站之间的距离可能大于100km,CEI项目中可选用双向时间比对技术进行高精度时间传递。

5.2.3 光纤频率传递中误差分析

光纤实现时间频率传递(图5-10)比传统的卫星传递方式具有更高同

步精度和传递稳定度，因而被国际同行广泛重视。目前基于光纤链路的时频传递主要采用往返路径(Round-trip)来补偿链路中因时延波动引起的相位波动。Round-trip 的核心是相位信息的实时探测和精确补偿。已广泛采用的相位精确补偿方法有电延迟线法、数字鉴相移相法、基于压控晶体振荡器和锁相环的精确相位补偿。以上方法均基于 Round-trip 中前向路径和后向路径完全对称这一假定条件，对环境温度缓变引起的相位波动可以有效补偿。然而实际的工程中，往返过程很难做到对称，影响时延波动的因素主要有温度对纤芯折射率、光纤热膨胀、激光器波长漂移和色散的影响，需要分析各自引入的时延波动，建立 Round-trip 时序模型，定量分析 Round-trip 中双向路径“不对称”引入的时延波动残留对频率稳定度的影响。

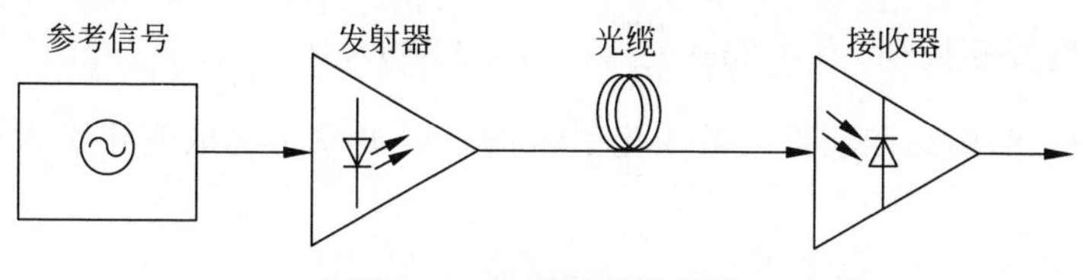

图 5-10 光载波传输模型

射频信号调制到光载波上，经过长度 L 的光纤传播，在接收端进行光电转换恢复出射频信号。n 表示纤芯折射率，c 表示真空中的光速，传输时延可表示为 $\tau_{\mathrm{FIB}}=\frac{nL}{c}$，其中光纤长度 L 是温度 T 的函数，纤芯折射率与温度和波长有关，因此传输时延波动可表示为

$$\frac{\mathrm{d}\tau(t)}{\mathrm{d}t}=\frac{n}{c}\frac{\partial L}{\partial T}\Delta T_{\mathrm{e}}(t)+\frac{L}{c}\frac{\partial n}{\partial T}\Delta T_{\mathrm{e}}(t)+\frac{L}{c}\frac{\partial n}{\partial \lambda}\Delta\lambda_{\mathrm{laser}}+\Delta\tau_{\mathrm{disp}}(t) \tag{5-8}$$

式中，$\Delta T_{\mathrm{e}}(t)$表示环境温度随时间的波动函数，$\Delta T_{\mathrm{e}}(t)=\frac{\Delta T_{\mathrm{e}}}{2}\sin\left(\frac{2\pi}{P_{\mathrm{e}}}t\right)$；$P_{\mathrm{e}}$ 表示环境温度的变化周期，取 86 400s。$\Delta\lambda_{\mathrm{laser}}$ 表示激光器输出波长的漂移量，$\Delta\tau_{\mathrm{disp}}(t)$表示色散变化引入的时延波动。

式(5-8)中第一项是光纤热膨胀引入的时延波动，光纤长度与温度的关系可表示为

$$L(t)=l_{25℃}[1+\alpha\Delta T_{\mathrm{e}}(t)+\beta\Delta T_{\mathrm{e}}(t)^2] \tag{5-9}$$

式中，$l_{25℃}$ 表示室温下光纤的长度；α、β 表示光纤的热膨胀系数，分别为 $\alpha=1.54\times10^{-5}\mathrm{K}^{-1}$，$\beta=5.3\times10^{-9}\mathrm{K}^{-2}$。根据第一项可以得出温度导致的时延波动，地埋光缆温度变化为地面上温度变化范围的 1%。

式(5-8)中第二项是纤芯折射率受温度变化的影响引入的时延波动，式中 n 为

$$n=\sqrt{A+\frac{B}{1-C/\lambda^{2}}+\frac{D}{1-E/\lambda^{2}}} \tag{5-10}$$

Sellmeier 方程中 A、B、C、D、E 是5个针对熔融石英的经验参数。

式(5-8)中第三项是纤芯折射率受波长漂移的影响引入的时延波动，表达式为

$$\Delta\tau_{\text{wav}}=\frac{L}{c}\frac{\partial n}{\partial\lambda}\Delta\lambda_{\text{laser}}=\frac{L}{c}\frac{\partial n}{\partial\lambda}\frac{\Delta T_{1}}{2}\sin\left(\frac{2\pi}{P_{1}}t\right)k \tag{5-11}$$

其中，ΔT_1 表示激光器动态结温度变化幅度，为0.05℃；P_1 表示激光器动态结温度变化周期，为0.25s；$\frac{\partial n}{\partial\lambda}=-1.19388\times10^{-5}\,\text{nm}^{-1}$。

式(5-8)中第四项是色散变化引入的时延波动。色散变化引入的时延波动为

$$\Delta\tau_{\text{disp}}(t)=DL\Delta\lambda_{\text{laser}}(t)=\left(D_{\lambda}+\frac{\partial D}{\partial T}\Delta T+\frac{\partial D}{\partial\lambda}\Delta\lambda\right)L\Delta\lambda_{\text{laser}}(t) \tag{5-12}$$

其中，D_λ 表示室温下对应的色散值；$\frac{\partial D}{\partial T}\Delta T$ 表示温度变化对色散的影响；$\frac{\partial D}{\partial\lambda}\Delta\lambda$ 表示波长变化对色散的影响。对于G.652光纤，室温下1550nm的光波色散值 $D_\lambda=16.7\text{ps/(nm}\cdot\text{km)}$；温度对色散的影响为 $\frac{\partial D}{\partial T}=-1.04646\times10^{-3}\text{ps/(nm}\cdot\text{km}\cdot℃)$；波长对色散的影响为 $\frac{\partial D}{\partial\lambda}=6.0194\times10^{-2}\text{ps/(nm}^2\cdot\text{km)}$。

频率稳定度的阿伦方差定义：

$$\sigma_{y}^{2}(\tau)=\left\langle\frac{(\bar{y}_{i+1}-\bar{y}_{i})^{2}}{2}\right\rangle \tag{5-13}$$

根据 Round-trip 时序关系，起始时间为 t_0，本地到远端时延 $\tau_1=\tau+\Delta\tau_1$；起始时间为 t_1，远端到本地时延 $\tau_2=\tau+\Delta\tau_2$；起始时间为 t_3，本地到远端时延 $\tau_3=\tau+\Delta\tau_3$。其中 τ 为光纤链路中的固有时延，由于链路温度与激光器动态结温度处于变化中，时延波动 $\Delta\tau_1$、$\Delta\tau_2$、$\Delta\tau_3$ 之间存在微小差异，将相位补偿等效在时延波动上，补偿后的时延波动残留可以表示为

$$\Delta\tau_{\text{rudim}}=\tau_{3}-\frac{\tau_{1}+\tau_{2}}{2}=\Delta\tau_{3}-\frac{\Delta\tau_{1}+\Delta\tau_{2}}{2} \tag{5-14}$$

残留的时延波动 $\Delta\tau_{\mathrm{rudim}}$ 是 Round-trip 中导致频率稳定度损失的主要因素。

（1）光纤埋地的情况下，外界温度对光纤链路热膨胀的影响是一个缓变效应，时延波动残留约为 5×10^{-17}s，对频率稳定度的影响为 10^{-23}/s（约 10^{-21}/d）。

（2）外界温度对光纤折射率的影响也是一个缓变效应，时延波动残留约为 2.5×10^{-17}s，变化趋势与外界温度一致，对频率稳定度的影响为 10^{-23}/s（约 10^{-21}/d）。

基于环境温度变化是一个缓变过程的前提，温度变化导致光程差变化引入的时延波动可以通过 Round-trip 有效补偿，补偿后的时延波动残留量级为 1×10^{-17}s，对频率稳定度的影响为 10^{-23}/s（约 10^{-21}/d）。

（3）DFB 激光器的波长漂移主要受动态结温度变化的影响。动态结温度的变化是一个快变过程，补偿后的时延波动残留为 2.7×10^{-14}s，远大于外界温度缓变引入的时延波动残留，其周期与激光器动态结温度的变化周期一致，因此温度快变引入的时延波动在 Round-trip 中不能有效补偿。其对频率稳定度的影响主要体现在短期稳定度劣化上，量级为 10^{-15}/s。

（4）在同一光纤路径中，色散值与光波波长相对应。当波长恒定时，色散引入的时延波动在双向路径中完全对称，可以有效补偿。激光器动态结温度快变时，输出波长漂移引起色散值的波动，产生时延波动残留。色散变化引入的时延波动残留量级为 1.1×10^{-14}s，对频率稳定度的影响为 10^{-15}/s。

温度变化处于缓变状态时，时延波动可以通过 Round-trip 有效补偿，补偿后的时延波动残留量级为 10^{-17}s，对频率稳定度的影响为 10^{-23}/s（约 10^{-21}/d）。温度变化处于快变状态时，时延波动在 Round-trip 中无法有效补偿，补偿后的时延波动残留量级为 10^{-14}/s，会恶化频率传递的短期稳定性。影响频率稳定度的关键因素是激光器动态结温度快变引发的输出波长漂移，可以适当降低 DFB 激光器动态结温度的变化速率，提高激光器输出波长的稳定性，以提高频率传递的稳定度。

频率标准在光纤通信系统的传递过程中会受到来自各方面的噪声，而这些噪声会影响到远端接收到的频标的稳定性。噪声主要来自系统的相位噪声和强度噪声两个方面。其中，强度噪声 $\varepsilon(t)$ 主要来自各种有源器件，如激光器、光电探测器和中继器等；相位噪声 $\phi(t)$ 主要是由激光器输出激光的不稳定性和光缆线路的不稳定因素（如温度变化）共同带来的。

5.2.4 光纤时间传递中误差分析

基于双向时间比对的时间伺服传递方案中，钟差(T_B-T_A)通过双向时间比对进行测量，因此钟差测量误差主要由双向时间比对误差引入(后文简称为“比对误差”)。由前文分析可知，比对误差主要包含时间间隔(T_1-T_2)测量误差和双向链路传输时延差(即 $T_{AB}-T_{BA}$)两部分。

其中双向链路传输时延差($T_{AB}-T_{BA}$)包含两个部分：一是方案中双向链路波长 λ_1 和 λ_2 不对称，以及地球自转引起的萨格纳克效应引入的双向链路不对称时延差。该时延差为固定差值，可以通过理论计算补偿，称之为“不对称时延偏差”。二是由于设备老化和环境温度变化等因素，导致光源激光器波长以及光纤色散系数发生变化，而产生的双向链路不对称时延。因不对称时延具体变化量无法确知，称之为“不对称时延随机误差”。

时间间隔(T_1-T_2)测量误差同样包含两个部分：一是双向比对系统中，两端站端机设备自身存在的不对称偏差；二是系统中调制解调、光发光收等处理引入的时延波动噪声。

因此方案中授时误差 E_{rr} 可表示为

$$E_{rr}=T_{\lambda_1-\lambda_2}+E_{\Delta\lambda_1-\Delta\lambda_2}+E_{\Delta n}+T_{sag}+T_{sys}+E_{sys}+E_{alo} \quad (5\text{-}15)$$

式中前4项主要引入链路不对称时延差($T_{AB}-T_{BA}$)，其中 $T_{\lambda_1-\lambda_2}$ 为双向波长不对称引入的时延偏差，实验中通过理论计算补偿校消；$E_{\Delta\lambda_1-\Delta\lambda_2}$ 和 $E_{\Delta n}$ 为温度及其他因素引起的光源波长波动和光纤折射率变化引入的链路时延随机波动，由于无法通过理论确知其具体波动量，只能通过实时测量补偿；T_{sag} 是地球自转引起的萨格纳克效应引入的链路时延不对称偏差，如果传输距离在几千米范围内，其影响可以忽略；T_{sys} 为授时端机系统自身不对称偏差，实验前可以通过初校校消；E_{sys} 为系统底噪，包括时间间隔测量误差以及滤波、调制解调、光发光收等处理引入的时延波动噪声，系统底噪导致授时系统产生随机误差，可通过优化系统结构抑制。式中最后一项 E_{alo} 是伺服算法的控制误差，实验中通过优化伺服算法抑制。

5.3 CEI载波相时延精确测量技术

5.3.1 高精度CEI信号处理流程

高精度CEI信号处理流程如图5-11所示，首先利用两颗卫星的轨道预报得到预报时延，并进行预补偿，然后求解残余相位干涉条纹，并最终逐步求解出精确的干涉时延。

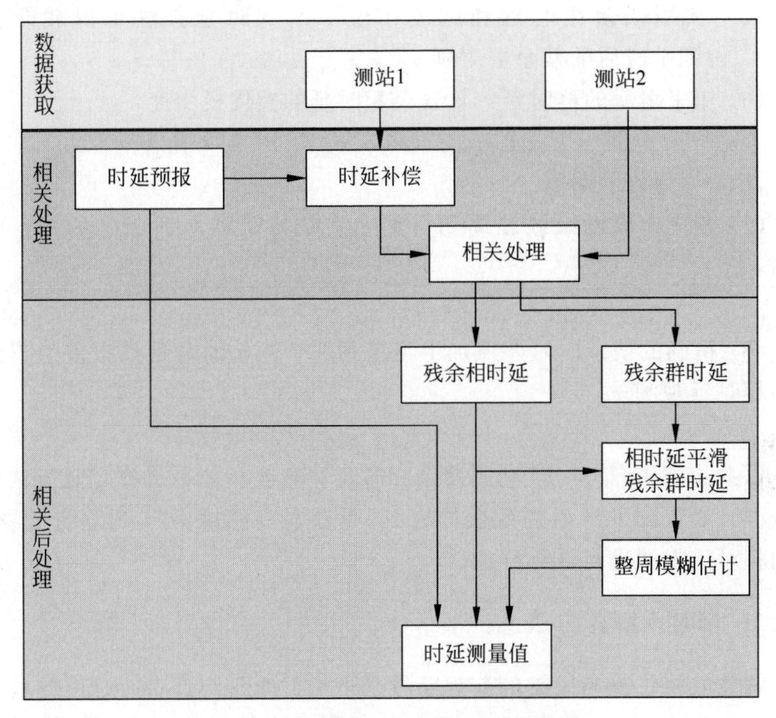

图 5-11 高精度 CEI 信号处理流程图

具体信号处理流程如下：

(1) 两个测站分别接收同一个卫星的下行信号，接收信号分别为 $s_1(t)$ 和 $s_2(t)$，两路信号进行傅里叶变换后为 $S_1(f,t)$和 $S_2(f,t)$。

(2) 利用已知的卫星到两个测站的时延预报差值对两个频域信号进行时延差预补偿，使补偿后的两路信号残余时延差较小，即

$$S'_2(f,t)=S_2(f,t)\cdot\exp(\mathrm{j}\cdot 2\pi f_{\mathrm{RF}}\cdot\tau(t)) \tag{5-16}$$

(3) 时延差预补偿后的两路频域信号做复相关得到残余相关相位：

$$X(f,t)=S_1(f,t)\cdot(S'^{*}_2(f,t))=A(f,t)\cdot\exp(\mathrm{j}\varphi(f,t)) \tag{5-17}$$

式中 $S'^{*}_2(f,t)$为 $S'_2(f,t)$的共轭。

(4) 利用残余载波相位求解残余相时延，利用残余数据相位求解残余群时延：

$$\tau_{\mathrm{phase\_0}}(t)=\frac{\varphi(f_{\mathrm{RF}},t)}{2\pi f_{\mathrm{RF}}} \tag{5-18}$$

$$\tau_{\text{group\_0}}(t)=\frac{\varphi(f_1,t)-\varphi(f_2,t)}{2\pi(f_1-f_2)} \tag{5-19}$$

(5) 利用残余相时延和载波相位平滑群时延方法平滑残余群时延[12-14]得到平滑后的残余群时延 $\tau_{\text{group\_0,sm}}(t)$。

(6) 用平滑后的群时延解算残余相时延的整周模糊度：

$$N=E[\tau_{\text{group\_0,sm}}(t)-\tau_{\text{phase\_0}}(t)]\cdot f_{\text{RF}} \tag{5-20}$$

式中，$E[\cdot]$为数学期望。

(7) 整周模糊度乘载波周期再加上残余相时延得到精确的残余时延差值：

$$\tau_{\text{phase\_0,real}}(t)=\tau_{\text{phase\_0}}(t)+N/f_{\text{RF}} \tag{5-21}$$

(8) 精确的残余时延差值加上卫星到两个测站的时延预报差值得到精确的相时延观测量：

$$\tau_{\text{phase,real}}(t)=\tau_{\text{phase\_0,real}}(t)+\tau(t) \tag{5-22}$$

以上步骤中，第5步“利用残余相时延和载波相位平滑群时延方法平滑残余群时延得到平滑后的残余群时延”是获得高精度CEI观测量的核心，下面将对该方法进行详细介绍。

5.3.2 相时延解算方法

解载波相位整周模糊的前提条件是平滑群时延与真实时延值的差小于半个波长，即$|\tau_{\text{group-sm}}-\tau_{\text{true}}|<\frac{\lambda}{2c}$；若要实现99.7%的解相位模糊正确概率，需满足$|\tau_{\text{group-sm}}-\tau_{\text{true}}|<3\delta_\tau$，因此平滑群时延的估计要求为$|\sigma_{\tau_{\text{group-sm}}}|<\frac{\lambda}{6c}$。设CEI观测信号的带宽为$B$，相应的群时延测量精度表示为$\sigma_{\tau_{\text{group}}}<\frac{1}{2\pi B\sqrt{S/N}}$，得到载波相位平滑群时延相对于群时延测量的精度改善因子为$M=\frac{\sigma_{\tau_{\text{group}}}}{\sigma_{\tau_{\text{group-sm}}}}=\frac{3f_{\text{RF}}}{\pi B\sqrt{S/N}}$，它与载波频率、工作带宽、积分时间和信噪比等因素有关[15]。例如，对于S频段(2.2GHz)约为8MHz带宽的DOR信号来说，取相关信噪比$S/N=20\text{dB}$，得到改善因子$M\geqslant 26$。

载波相位平滑群时延的基本思路如下：将群时延观测量和载波相位观测量相结合，同时利用高精度的载波相位测量值对群时延观测量进行平滑滤波获取平滑群时延，有效降低随机误差，进而提高载波相位整周期的正确解算概率。

由 CEI 求解得到群时延和相时延分别表示为

$$\tau_{\mathrm{g}}=\frac{\phi(t)}{2\pi B}=\tau+\varepsilon_{\mathrm{g}} \tag{5-23}$$

$$\tau_{\mathrm{p}}=\frac{\theta_0}{2\pi f_{\mathrm{RF}}}+\frac{N}{f_{\mathrm{RF}}}=\tau+\varepsilon_{\mathrm{p}} \tag{5-24}$$

对 CEI 观测 GEO 卫星来说，目标来波在基线上投影的相位差变化率表示为$\frac{\mathrm{d}\varphi}{\mathrm{d}t}=2\pi f_{\mathrm{RF}}\cdot\frac{\mathrm{d}\tau_{\mathrm{g}}}{\mathrm{d}t}$。在粗轨道预报条件下，GEO 卫星在 CEI 测站间时延变化率为 $1\times10^{-10}\,\mathrm{s/s}$ 量级。因此，对于 0.1s 的两个观测时间来说，站间相邻历元的相位差没有周跳发生（连续多个历元的相位整周跳变可通过相位解卷绕进行修正，在此不做赘述），那么式(5-24)中的 N 就可认为是一个不变的值，即

$$\tau_{\mathrm{g}}(t_n)-\tau_{\mathrm{g}}(t_{n-1})=\frac{\phi(t_n)}{2\pi B}-\frac{\phi(t_{n-1})}{2\pi B} \tag{5-25}$$

$$\tau_{\mathrm{p}}(t_n)-\tau_{\mathrm{p}}(t_{n-1})=\frac{\theta_{0,t_n}}{2\pi f_{\mathrm{RF}}}-\frac{\theta_{0,t_{n-1}}}{2\pi f_{\mathrm{RF}}} \tag{5-26}$$

理论上，载波相位历元差应该与群时延历元差相等，即

$$\tau_{\mathrm{g}}(t_n)-\tau_{\mathrm{g}}(t_{n-1})\approx\tau_{\mathrm{p}}(t_n)-\tau_{\mathrm{p}}(t_{n-1}) \tag{5-27}$$

$$\frac{\phi(t_n)}{2\pi B}-\frac{\phi(t_{n-1})}{2\pi B}\approx\frac{\theta_{0,t_n}}{2\pi f_{\mathrm{RF}}}-\frac{\theta_{0,t_{n-1}}}{2\pi f_{\mathrm{RF}}} \tag{5-28}$$

可由载波相位历元间的差值重建群时延，即

$$\tau'_{\mathrm{g}}(t_n)=\tau_{\mathrm{g}}(t_{n-1})+\tau_{\mathrm{p}}(t_n)-\tau_{\mathrm{p}}(t_{n-1}) \tag{5-29}$$

重建后的群时延误差将被大大压缩。假设从 t_0 历元开始的载波相位观测量持续，并且通常认为群时延测量过程中的随机误差服从高斯分布，则可以通过数学统计的方法将其影响进行削弱。假设已经连续观测了 n 次，其测量方程可表示为

$$\begin{cases}\tau'_{\mathrm{g}}(t_0,1)=\tau_{\mathrm{g}}(t_1)-\tau_{\mathrm{p}}(t_1)+\tau_{\mathrm{p}}(t_0)\\ \tau'_{\mathrm{g}}(t_0,2)=\tau_{\mathrm{g}}(t_2)-\tau_{\mathrm{p}}(t_2)+\tau_{\mathrm{p}}(t_0)\\ \quad\vdots\\ \tau'_{\mathrm{g}}(t_0,n)=\tau_{\mathrm{g}}(t_n)-\tau_{\mathrm{p}}(t_n)+\tau_{\mathrm{p}}(t_0)\end{cases} \tag{5-30}$$

对式(5-30)相加求平均，即可得到 t_0 历元的群时延平滑值：

$$\tau_{\mathrm{g,sm}}(t_0)=\frac{1}{n}\sum_{k=1}^{n}\tau'_{\mathrm{g}}(t_0,k)=\frac{1}{n}\sum_{k=1}^{n}(\tau_{\mathrm{g}}(t_k)-\tau_{\mathrm{p}}(t_k)+\tau_{\mathrm{p}}(t_0)) \tag{5-31}$$

式中，$\tau_{g,sm}(t_0)$即为 t_0 时刻的群时延平滑值。

下面考虑平滑后的测量误差 δ 与 ε_g、ε_p 之间的关系。由于载波相位测量的随机误差较群时延测量的随机误差要小得多，即 $\varepsilon_g \gg \varepsilon_p$，根据误差传递理论可得：

$$\delta^2 = \varepsilon_p^2 + \frac{1}{n}(\varepsilon_p^2 + \varepsilon_g^2) \approx \frac{1}{n}\varepsilon_g^2 \tag{5-32}$$

由式(5-32)可以看出，当进行 n 次平滑运算后，平滑后的测量误差约减小为原群时延测量误差的 $1/\sqrt{n}$，这说明经过载波相位测量的平滑处理，相位测量的随机误差已经得到了有效抑制。若 n 足够大，群时延测量精度将会大幅度提高。为便于数据实时处理，在实际应用中采用 Hatch 递推滤波模型[16]，k 时刻由相时延外推的群时延为

$$\begin{cases} P(k) = \tau_{sm}(k-1) + (\tau_{phase}(k) - \tau_{phase}(k-1)) \\ \tau_{sm}(k) = \omega(k) \cdot \tau_{group}(k) + (1-\omega(k)) \cdot P(k) \end{cases} \tag{5-33}$$

其中，$P(k)$表示外推群时延，$\tau_{phase}(k)$和 $\tau_{phase}(k-1)$分别表示 k 时刻和 $k-1$ 时刻的相时延，$\tau_{sm}(k-1)$和 $\tau_{sm}(k)$分别表示 $k-1$ 时刻和 k 时刻的群时延平滑值，$\omega(k)$表示历元 k 时刻的群时延权重。

$$\begin{cases} \omega(k) = 1/k, & k < M \\ \omega(k) = 1/M, & k \geqslant M \end{cases} \tag{5-34}$$

M 为平滑改善因子，通常取 $M=\dfrac{T_N}{T_s}$，其中 T_s 为采样间隔，T_N 为平滑时间。M 取值标准为：令载波相位平滑群时延误差满足解整周期模糊要求。实际应用中 M 的取值与站间时延差预报精度、载波频率、信号带宽、观测历元间隔和信噪比等有关。

利用S频段下行遥测副载波信号的群时延差和残留载波信号的相位差进行解模糊算法仿真，其群时延和载波相位平滑群时延估计精度分别为9ns(信号带宽 $B=256$kHz，相关信噪比 $S/N=30$dB)、75ps，计算得到平滑因子 M 的最优取值为120。在 M 分别取值为60、80、100、120时进行蒙特卡罗仿真统计，仿真次数为1000，统计得到载波相位模糊正确解算概率分别为78%、90%、95%、99%，其平滑结果如图5-12所示。充分说明了平滑因子 M 取值的准确性和解模糊算法的有效性。

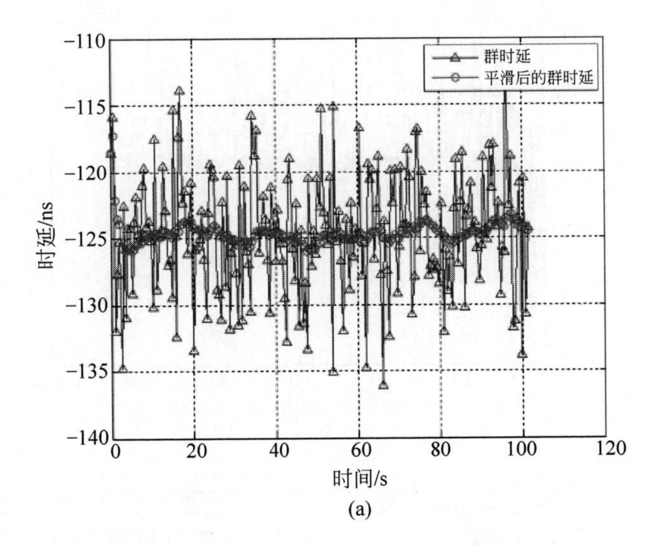

(a)

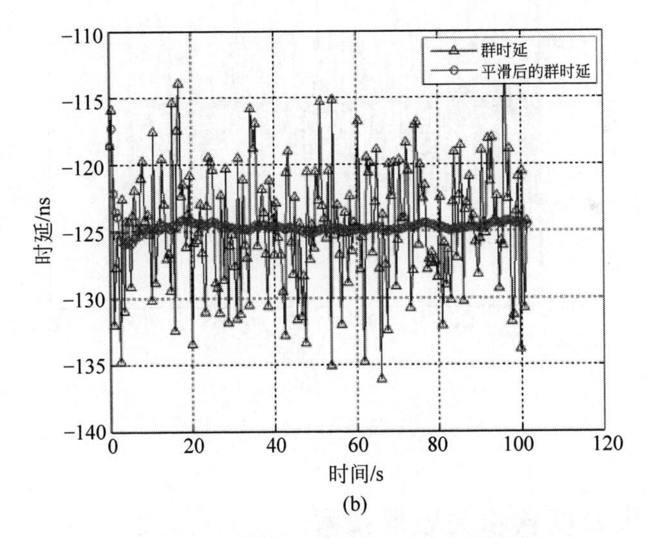

(b)

图 5-12　不同 M 取值情况下的平滑结果

(a) $M=60$ 时的平滑结果；(b) $M=80$ 时的平滑结果；
(c) $M=100$ 时的平滑结果；(d) $M=120$ 时的平滑结果

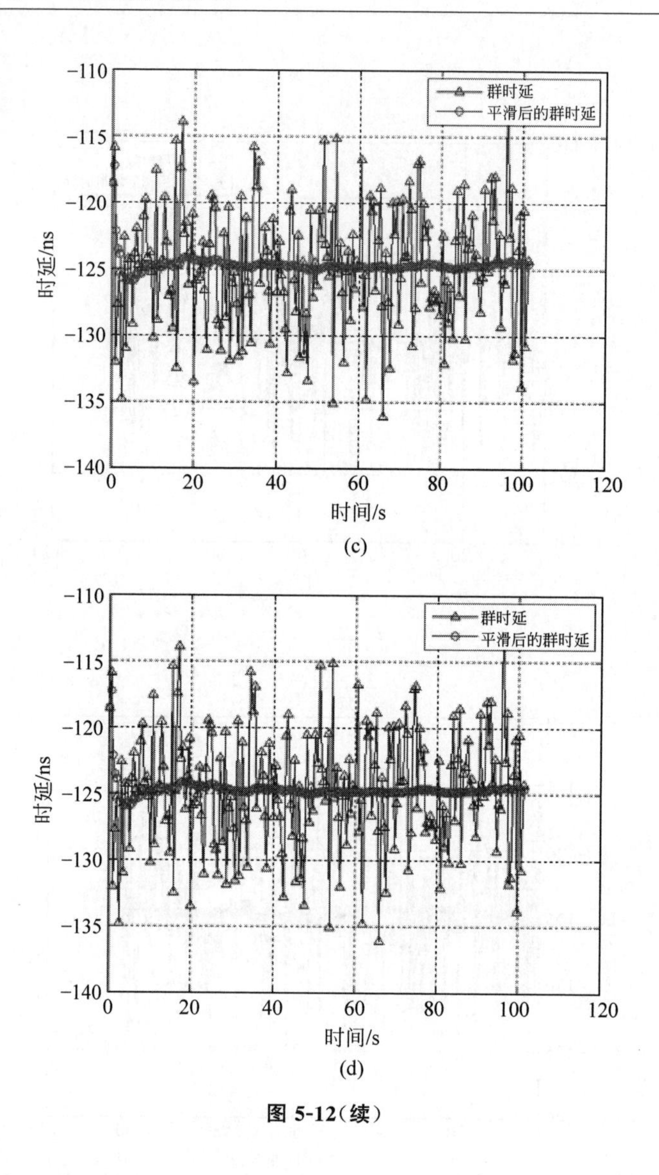

图 5-12(续)

5.4 高集成度软相关处理技术

相关处理机是 CEI 观测数据处理的核心设备,具有数据密集和计算密集的双重特点。观测站采集的数据只有经过相关处理机处理后,才能用于相关后处理和科学应用。大型的 CEI 相关处理机技术要求较高,只有少数国家能独立研制。

CEI 相关处理机从实现方式上可分为硬件处理机和软件处理机。前者指以专用集成电路(ASIC)或现场可编程逻辑阵列(FPGA)等为平台而研制的专用信号处理计算机；后者则是运行在通用计算机平台上的信号处理软件。从结构原理上,处理机可分为 XF 相关处理机(先相关后傅里叶变换)与 FX 相关处理机(先傅里叶变换后相关) 两类[17-18]。

5.4.1 CEI 数据的相关处理

以带限信号为例说明 CEI 数据相关处理原理。设航天器信号表达式为

$$E(t)=A(t)\mathrm{e}^{\mathrm{j}2\pi f_0 t} \tag{5-35}$$

其中 $A(t)$为各态历经的窄带随机过程,其能量恒定； f_0 为射频频率。设 $A(t)$的频谱表示为

$$s(f)=\int_{-\infty}^{\infty} A(t)\mathrm{e}^{-\mathrm{j}2\pi f t}\mathrm{d}t \tag{5-36}$$

两个观测站的互相关函数表示为

$$\Gamma_{ij}=\langle E_i(t+\tau_{ij})E_j^*(t)\rangle=\langle A_i(t+\tau_{ij})A_j^*(t)\rangle\mathrm{e}^{\mathrm{j}2\pi f_0\tau_{ij}}=\Upsilon_{ij}\mathrm{e}^{\mathrm{j}2\pi f_0\tau_{ij}} \tag{5-37}$$

其中 $\Upsilon_{ij}=\langle A_i(t+\tau_{ij})A_j^*(t)\rangle$,$\tau_{ij}$ 是地球上两个不同位置处观测站接收同一波前的时延差,由于地球转动、目标运动等原因该时延差是随时间变化的。

根据信号处理基本理论,信号在时域的卷积等于其频谱的乘积,时域相关等于频谱的共轭乘积,因而 Υ_{ij} 可表示为

$$\Upsilon_{ij}=\langle A_i(t+\tau_{ij})A_j^*(t)\rangle=\int_{-\infty}^{\infty} S_{ij}(f)\mathrm{e}^{\mathrm{j}2\pi f t\tau_{ij}}\mathrm{d}f \tag{5-38}$$

其中 $S_{ij}(f)=S_i(f)S_j^*(f)=\int_{-\infty}^{\infty}\Upsilon_{ij}\mathrm{e}^{-\mathrm{j}2\pi f t\tau}\mathrm{d}\tau$,通常被称为“互谱”。

对于接收信号 $E_i(t)=E(t+\tau_i)=A(t+\tau_i)\mathrm{e}^{\mathrm{j}2\pi f_0(t+\tau_i)}$,经本地振荡器混频后得到:

$$V_i(t)=E_i(t)\mathrm{e}^{-\mathrm{j}2\pi f_0 t}=A(t+\tau_i)\mathrm{e}^{\mathrm{j}2\pi f_0\tau_i} \tag{5-39}$$

为了获得优质的干涉条纹,接收信号在进入相关处理机前,必须对信号进行时延差补偿和条纹相位补偿,时延补偿 δ_i 后信号表示为

$$P_i(t)=V_i(t-\delta_i)=A(t+\tau_i-\delta_i)\mathrm{e}^{\mathrm{j}2\pi f_0\tau_i} \tag{5-40}$$

再进行条纹相位补偿 $\theta_i(t)$,得到:

$$X_i(t)=P_i(t)e^{-j\theta_i(t)}=A(t+\tau_i-\delta_i)e^{j(2\pi f_0\tau_i-\theta_i(t))} \tag{5-41}$$

若时延补偿值 δ_i 与实际时延差 τ_i 相等，得 $P_i(t)=A(t)e^{j2\pi f_0\tau_i}$。条纹相位补偿 $\theta_i(t)=2\pi f_0\tau_i$，则 $X_i(t)=A(t)$，这样才能获得最大的相关函数。

5.4.2 XF型和FX型相关处理机及其算法特点

相关处理机在CEI技术中的作用十分重要，观测信号的复可见度函数和互功率谱密度在处理机中计算得到。根据信号处理的基本理论，求解两信号交叉功率谱的途径有两种：一种是先求得两个信号的相关函数，即进行相关操作(相乘积分过程，记为"X")，然后再对相关函数进行频谱分析(此过程记为"F")，得到相关功率谱，这称为"XF"型相关处理方法。另一种是先对两信号进行频谱分析(即"F"操作)，求得两信号的频谱，再对两信号的频谱交叉相乘积分，这种方法称为"FX"型相关处理方法。根据傅里叶变换理论，XF方法与FX方法求取的功率谱完全相同。其原理示意如图5-13所示。

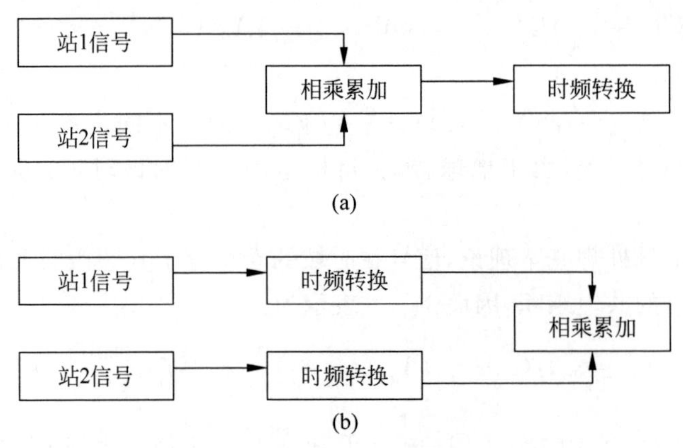

图5-13 两种类型的相关处理机原理

(a) XF型；(b) FX型

5.4.2.1 XF型相关处理机

XF型相关处理机，又称为传统的相关处理机。该类型的相关处理机是对CEI干涉测量原理的时域实现，即在信号进入相关处理机前必须进行时延补偿和条纹相位补偿，然后再进行乘积、累加运算，最后通过FFT运算得到站间互谱结果。XF型相关处理机的原理如图5-14所示。

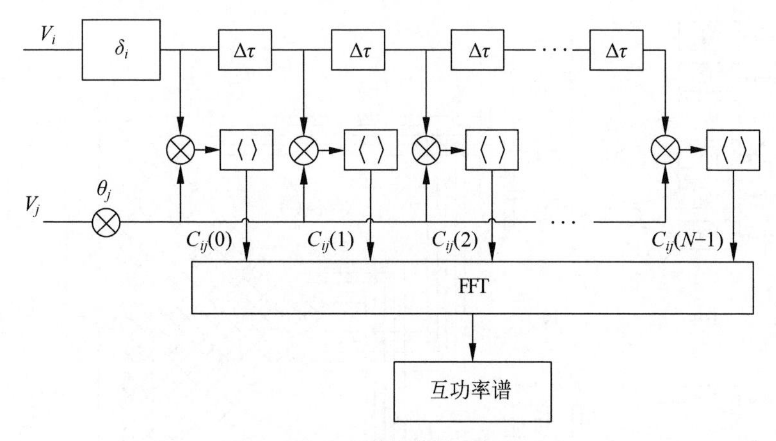

图 5-14 XF 型相关处理机原理

其中 V_i、V_j 是 i、j 两观测站同时刻记录的下变频信号；δ_i 为对接收信号 V_i 所作的时延补偿；$\theta_j(t)$为相对于 V_i，对接收信号 V_j 所作的相位补偿；$\Delta\tau=\frac{1}{2B}$为采样间隔，B 为 $A(t)$带宽；N 表示延迟(lag)的数量，相当于积分时间长度。$C_{ij}(n)$为两站信号的互相关函数，其表达式为

$$C_{ij}(n)=\langle A(t)A^*(t-n\tau)\rangle=\langle A(t+n\Delta\tau)A^*(t)\rangle=\Upsilon_{ij}(n\Delta\tau) \tag{5-42}$$

对互相关函数 $C_{ij}(n)$进行 N 点的 FFT 运算，得到两站信号的互谱，XF 型相关处理机的时延补偿和条纹相位补偿均基于基线模式。

5.4.2.2 FX 型相关处理机

FX 型相关处理机利用基本信号处理理论，通过其频谱的共轭相乘实现时域的信号相关。以 VLBA 的 FX 相关处理机结构为例说明 FX 相关处理机结构及原理，如图 5-15、图 5-16 所示。

接收数据流信号通过 PBDs(playback drives)和 PBIs(playback interfaces)回放数据，该过程中进行了整数比特补偿，每路信号在进入 FFT 模块前进行条纹旋转补偿相位，对各站信号的 FFT 频谱分别进行小数比特补偿后，进入乘法器和累加器进行共轭相乘、积分得到互谱。

5.4.3 实时相关处理实现架构

在相关处理算法方面，目前比较成熟的主要有 XF、FX 相关器及其混合结构，不同结构需要具有不同的预报适应能力和算法处理速度；在相关

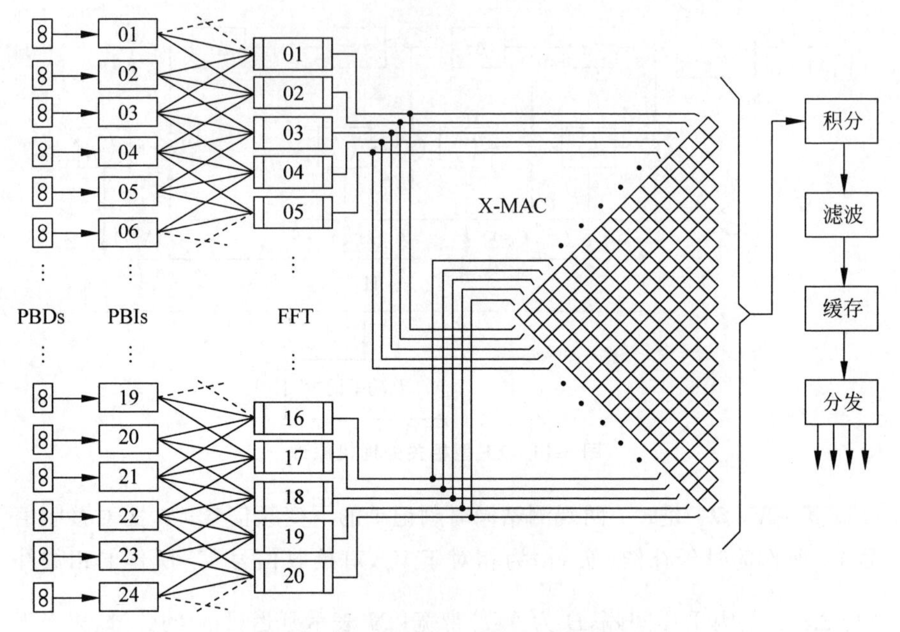

图 5-15 VLBA 的 FX 型相关处理机结构

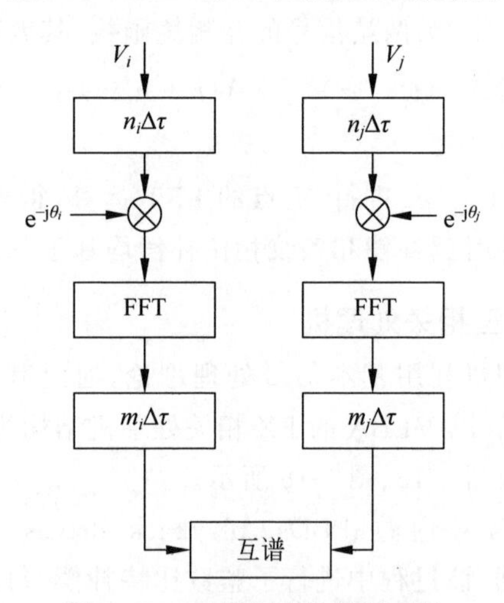

图 5-16 FX 型相关处理机原理

器实现方面，有两个发展趋势：基于 FPGA 的硬件相关处理平台和基于 CPU 或 GPU 的软件相关处理平台。FPGA 硬件相关器具有实时、高速大数据的处理能力，但其系统算法升级相对复杂；而基于 CPU 或 GPU 的软件相关器利用上千数量的 GPU 核完成高速并行处理，可实现一定速率下的实时相关处理，具有系统开发时间短、成本低和算法升级容易等特点。

5.4.3.1 相关处理设备计算量评估

相关处理设备是一个典型的高计算强度和高数据强度的系统，计算模型如图 5-17 所示。一个基线的一个计算周期在一个积分周期内，系统的计算模型如图 5-18 所示。

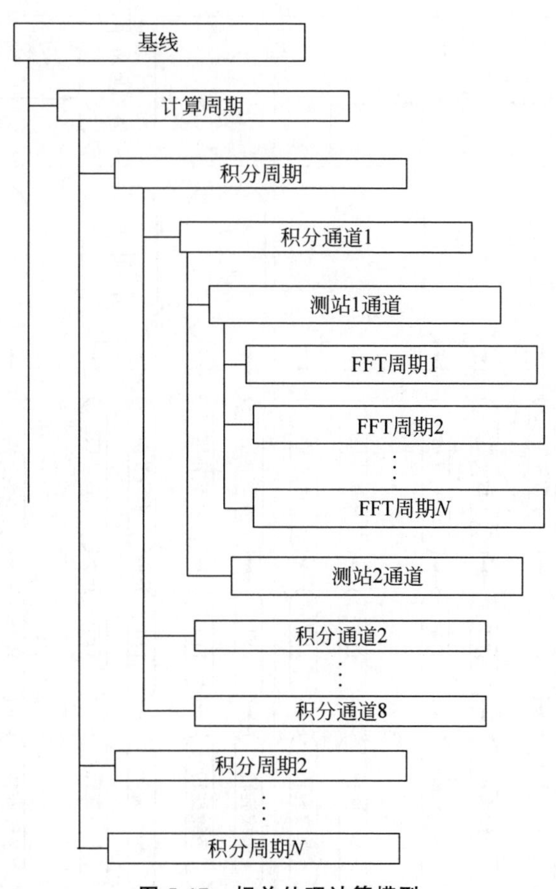

图 5-17 相关处理计算模型

下面对相关处理的运算量进行估算，以设计最终的硬件实现方案。

首先做如下假设：

- 每条基线包括 C 条通道；
- 一个计算周期划分为 A 个积分周期；
- 一个积分周期划分为 F 个 FFT 周期；
- 一个 FFT 周期进行 N 点的 FFT 计算。

则一个计算周期的基本计算量估算值如表 5-3 所示。

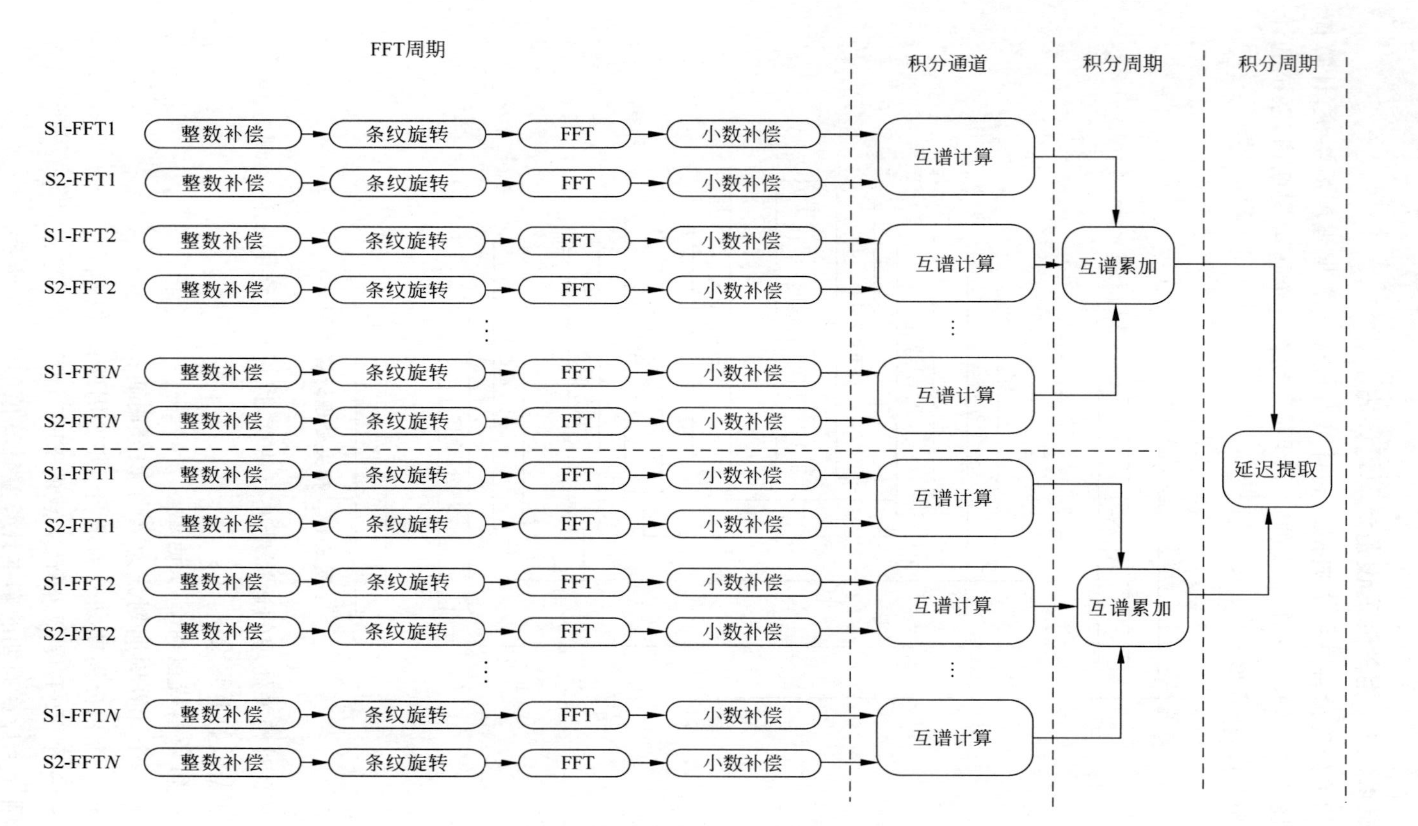

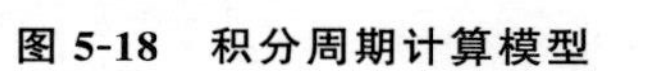

图 5-18 积分周期计算模型

表 5-3 计算周期计算量单元表

基本计算	数量	备注
求解变化率	1	一个计算周期仅需要一次变化率计算
延迟提取	A	需要对每一个积分周期进行一次
互谱累加	$A\times C\times(F-1)$	每一个积分周期内都需要对 C 条通道的 F 个 FFT 周期进行累加
互谱计算	$A\times C\times F$	每一个积分周期都需要对 C 条通道的 F 个 FFT 周期进行一次
FFT 计算	$A\times C\times F\times 2$	每一积分周期内都需要对 C 条通道的 F 个 FFT 周期的两个观测站进行一次

1) FFT 计算量

根据数学模型，一个 FFT 周期所需的计算量如表 5-4 所示。

表 5-4 N 点 FFT 计算量统计表

	实数相加	实数相乘	复数相加	复数相乘	实数除法
整数比特补偿	0	0	0	0	0
条纹旋转	N	$2\times N$	0	N	0
FFT	0	0	$N\times\log_2 N$	$N\times\log_2(N/2)$	0
小数比特补偿	0	N	0	N	0

2) 互谱计算量

互谱计算为 FFT 谱的共轭相乘，N 点 FFT 计算完毕包括 N 个频点，因此互谱的计算量为 N 个复数相乘。

3) 互谱累加计算量

互谱累加为计算出的互谱的复数相加。N 点 FFT 互谱计算完毕的频点数为 N，因此互谱累加的计算量为 N 个复数相加。

4) 最小二乘法求时延和时延差的计算量

求时延需要进行 5 次拟合并符合 3δ 准则，则一次拟合求均值需要 $3N+4$ 次实数乘法、$8N+2$ 次实数加法和 $8N+2$ 次实数除法，求方差需要 N 次实数乘法、$2N$ 次实数加法和 $2N+2$ 次实数除法。9 次拟合则计算量约为原来的 9 倍。合计为实数乘法 $5(4N+4)$次、实数加法 $5(10N+2)$次和实数除法 $5(10N+4)$次。

求时延率也需要进行 5 次拟合并符合 3δ 准则，不过其点数 $N'=T/(N\times T_s)$，即合计为实数乘法 $5(4N'+4)$次、实数加法 $5(10N'+2)$次和实数除法 $5(10N'+4)$次。

5）求解变化率

求解变化率为对 A 个点的数据利用最小二乘法进行拟合，一般情况下以 $A=60$ 计算，其计算量可忽略不计。

由于1次复数乘法等于4次实数乘法和2次实数加法，1次复数加法等于2次实数加法，所以均使用实数乘法和实数加法来表示运算量，根据系统的划分即可计算出系统总的计算量。

原理上，计算出1条基线再乘上3条基线的计算量即可获得系统总的计算量。但这样做实际上存在问题，因为这样每一个站的数据实际上做了2次FFT计算。

为进一步减少计算量，实际上可将所有站的信号全部通过整数补偿和条纹旋转归化到同一个站上，即认为归化后，所有站的经过处理的信号都是对同一时刻信号的观测。那么对所有的基线，每个站的FFT计算只需要1次即可，这样FFT的计算量仅为原计算量的1/2。

取采样率：$f_s=64\text{MHz}$，积分时间：$T=60\text{s}$，$N=1024$，$A=1$，$C=8$，$F=f_s\times T/N=64\text{MHz}\times 60\text{s}/1024=3840\text{M}/1024$。经计算，得到3站3条基线总的计算量约为

① 实数加法个数：

$A\times C\times F\times(3N+2N\times\log_2(N)+2N\times\log_2(N/2)+2N)\times 3+(A\times C\times F\times 2N+A\times C\times(F-1)\times 2N+5(10N+2)+5(10N'+2))\times 3$

$\approx 1128\times 3840\text{M}=4\,331\,520\text{M}\approx 4331\text{G}$

② 实数乘法个数：

$A\times C\times F\times(2N+4N+4N\times\log_2(N/2)+N+4N)\times 3+(A\times C\times F\times N\times 4+5(4N+4)+5(4N'+4))\times 3$

$\approx 1140\times 3840\text{M}=4\,377\,600\text{M}\approx 4377\text{G}$

③ 实数除法个数：

$(5(4N+4)+5(4N'+4))\times 3$

$\approx 225\text{M}$

以上均为浮点运算（式中M、G分别表示MFLOPS、GFLOPS，即每秒的浮点运算次数，1G=1000M），要求在60s内处理完毕，系统每个积分周期内的总计算量约为

$$4331\text{G}+4377\text{G}=8708\text{G} \tag{5-43}$$

则每秒的计算量为

$$8708\text{G}/60\approx 145.13\text{G}=145\,130\text{M} \tag{5-44}$$

即每秒1451亿次浮点数运算。

以上计算结果为简化的模型，实际上系统中还有其他的运算需要处理，使用保守的估计方法，将系统的运算量放大一倍，则需要2900亿次浮点数运算。

5.4.3.2 相关处理设备实现架构比较分析

相关处理设备实现方式主要分硬件系统实现与软件系统实现。

1. 硬件实现方式

硬件实现是基于FPGA和DSP实现方式的信号处理平台，由基于VPX架构的机箱平台、通用信号处理板卡组成，其实物如图5-19、图5-20所示。信号处理板卡采用以FPGA为核心的硬件架构，完成中频信号采样、相关处理、相关后处理算法，并通过VPX总线实现底层信号处理模块与上层监控的数据交互。

图5-19 基于VPX架构的机箱平台

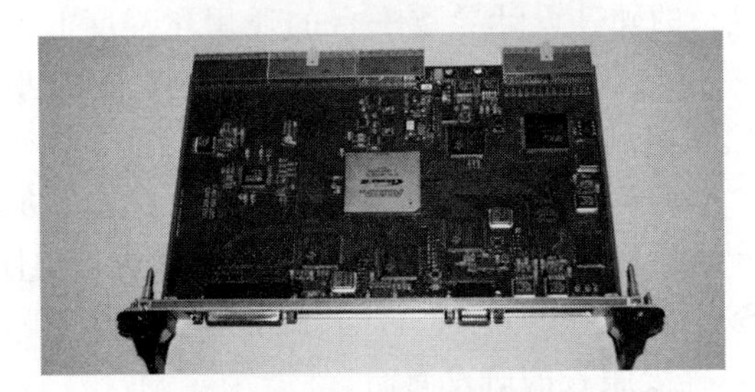

图5-20 通用信号处理板卡

1）基于FPGA和DSP平台实现方式的优点

(1) 并行处理能力强、速度快

基于硬件实现方式的信号处理平台凭借FPGA的性能优势，具有并行处理能力强、数据吞吐量大、处理速度快等优点。在硬件层面上，FPGA内部集成大量的LUT、BLOCK RAM、DSP BLOCK等资源，用户通过烧入配置文件来定义这些硬件资源之间的连接关系，达到定制电路的目的，各模块占用独立的硬件资源，可以实现真正意义上的全并行处理。在逻辑层面上，FPGA不依赖于冯·诺依曼结构，与GPU不同，FPGA内各级计算得到的结果可以被直接输送到下一级，无需在主存储器临时保存，从而可实现流水线处理。利用硬件并行的优势，FPGA打破了顺序执行的模式，可以实现极高的处理速度，当前主流FPGA的DSP BLOCK、BLOCK RAM等关键资源的工作频率可以达到几百兆赫兹，性能相当优秀。

(2) 功耗低

FPGA拥有良好的运行能效比，在实现相同规模的算法时，所需的功耗要远低于GPU实现方式。

(3) 接口丰富、灵活

FPGA具有丰富灵活的IO资源，可以提供几百个可灵活定义的IO管脚，很容易实现与多个不同接口形式的设备的互联。

2) 基于FPGA和DSP平台实现方式的缺点

(1) 算法实现代价高、硬件复杂

FPGA的强大并行处理能力和高处理速度是以FPGA中各模块占用独立的硬件资源为代价的，在实现相同算法时，其对硬件资源的需求远高于GPU平台，硬件资源的需求量与算法的复杂度成正比。在深空地面接收系统中，信号接收指标严苛，信号处理算法复杂，因此算法实现的硬件资源需求很高。以基于硬件实现方式的传统深空基带为例，仅中频接收模块信号捕获功能的实现就需要单独的一块板卡，其中包含3片大容量FPGA，8片高性能DSP。复杂的硬件设计导致平台的通用化程度低，硬件加工、调试难度大，并且容易出现散热、电磁兼容等问题，影响设备的可靠性。

(2) 通用性差、研制开发周期长

由于硬件设计完全依托于算法设计，因此一旦算法需进行修改优化，很可能面临原有平台能力不足、资源不够等问题，必须进行硬件改造。而硬件平台的升级改造需进行FPGA选型订购、PCB设计加工、硬件调试、环境试验等一系列工作，需要很长的研发周期。

(3) 程序可升级性差

与软件实现方式相比，FPGA程序可升级性较差。FPGA程序在修改后需要重新进行代码综合、布局布线，编译完成后要求对程序的功能及时序进行仿真验证，并对程序所有相关指标进行测试，流程复杂、效率低。

2. 软件实现方式

从前面的计算量评估可以看出，每秒需要2900亿次浮点数运算，面对如此巨大的运算量，通过编写软件使用传统的服务器或工作站这种单机环境已不能满足运算要求。

1）计算机集群架构

在深空测控干涉测量系统中心处理设备中，采用了计算机集群架构，由16台高性能服务器组成计算机集群系统共同完成4个测站、6条基线、每个测站最大64Mb数据速率的数据预处理、相关处理、相关后处理等计算任务，硬件体系架构如图5-21所示。

基于计算机集群的软相关处理架构为实现软件相关处理开辟了新天地。一方面其验证了软件相关处理的可行性；另一方面其验证了相关处理所用算法（包括整数比特补偿、条纹旋转、FFT、小数比特补偿、PCAL相位提取、最小二乘法等）进行软件实现的正确性，为下一步基于GPU集群的相关处理算法实现奠定了坚实基础。

采用计算机集群架构的相关处理设备虽然能够以软件方式完成相关处理，但也存在计算机数量多、体积大、功耗大、噪音大等缺点。随着基于GPU的高性能计算的快速发展，计算机集群架构已经逐渐被GPU集群架构所替代。

2）GPU集群架构

当前，GPU已发展成为一种高度并行化、多线程、多核的通用计算设备，具有出色的计算能力和极高的存储器带宽，并被越来越多地应用于气象预测、信号处理、金融分析、军事模拟等领域。GPU具有高并行、低能耗和低成本的特点，在数据并行度高的计算任务中，相比于传统的CPU平台有着显著的优势。GPU通用计算的普及，使个人和小型机构有机会获得以往昂贵的大型、超级计算机才能提供的计算能力，并一定程度上改变了科学计算领域的格局和编程开发模式。

GPU集群是通过在多台服务器上部署GPU板卡、以GPU运算为主、多台服务器协同完成数据计算的处理架构，能够以较小的计算机数量代价实现计算密集、数据密集的计算任务。典型的GPU集群架构如图5-22所示。

基于GPU集群的阵信号处理分系统是基于虚拟无线电概念发展而来的，其采用了集群架构与GPU运算相结合的GPU集群计算架构，有效集成了集群运算和GPU运算的优势，显著提高了系统数据运算能力。该系

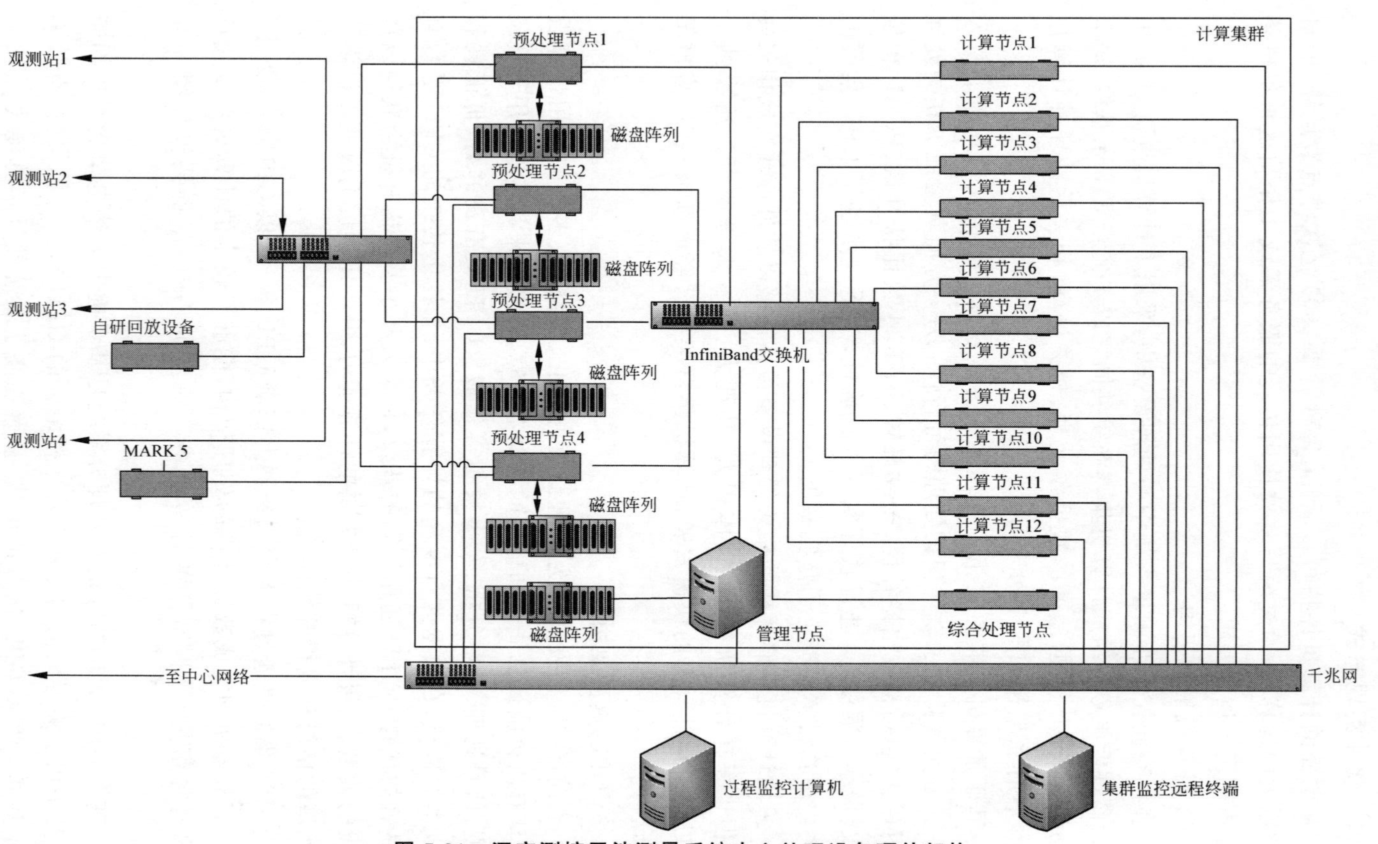

图 5-21　深空测控干涉测量系统中心处理设备硬件架构

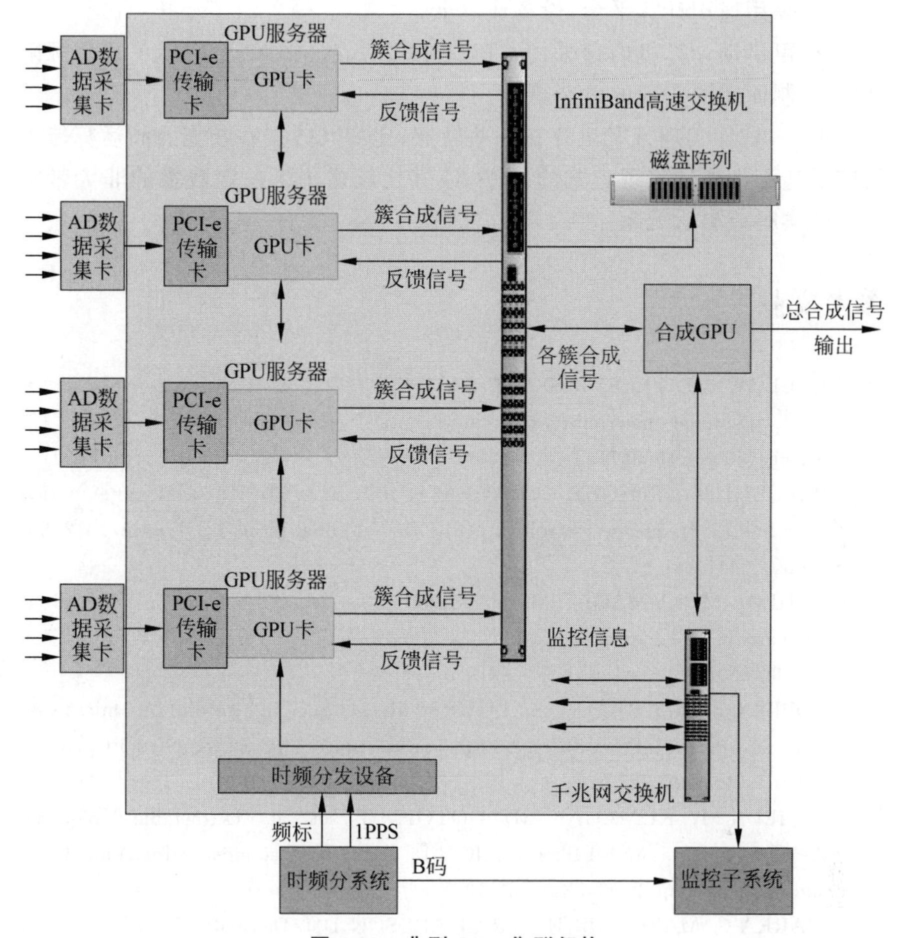

图 5-22 典型 GPU 集群架构

统以具有高速数据并行计算能力的 GPU 平台作为主信号处理单元，并结合基于 PCI-e 的高速数据传输卡、光纤转 PCI-e 板卡、服务器和 InfiniBand 交换机及监控子系统等设备，共同构成集群架构的阵信号处理分系统，用于完成大规模天线组阵中的阵信号处理等任务。

基于 GPU 集群的信号处理设备具有以下优点：

- 部署和使用方式灵活；
- 采用软件编程方式，程序的编译、维护、升级、扩展和移植较方便；
- 开发周期短，工程实现性好；
- 采用浮点运算，具有运算精度高、无额外误差项的特点，与仿真一致性好，可以实现很高的测量精度；

- 采用通用计算平台，设备成本低；
- 可借助计算机内存采用 GPU 加 CPU 的方式实现 FPGA 受资源限制而无法实现的复杂算法。

但是，软件实现方案也存在一些缺点，比如其数据吞吐能力和运算能力目前还达不到硬件实现方式的水平，故其比较适用于一定数量的非大带宽信号的实时或事后处理。

参考文献

[1] LUDLOW A D, ZELEVINSKY T, CAMPBELL G K, et al. Sr lattice clock at 1×10^{-16} fractional uncertainty by remote optical evaluation with a Ca clock[J]. Science, 2008, 319(5871): 1805-1808.

[2] PREDEHL K, GROSCHE G, RAUPACH S M F, et al. A 920-kilometer optical fiber link for frequency metrology at the 19th decimal place[J]. Science, 2012, 336(6080): 441-444.

[3] FUJIEDA M, KUMAGAI M, NAGANO S, et al. All-optical link for direct comparison of distant optical clocks[J]. Optics Express, 2011, 19(17): 16498-16507.

[4] LOPEZ O, AMY-KLEIN A, LOURS M, et al. High-resolution microwave frequency dissemination on an 86-km urban optical link[J]. Applied Physics B, 2010, 98(4): 723-727.

[5] FUJIEDA M, KUMAGAI M, GOTOH T, et al. Ultrastable frequency dissemination via optical fiber at NICT[J]. IEEE Transactions on Instrumentation and Measurement, 2009, 58: 1223-1228.

[6] MARRA G, MARGOLIS H S, RICHARDSON D J. Dissemination of an optical frequency comb over fiber with 3×10^{-18} fractional accuracy[J]. Optics Express, 2012, 20(2): 1775-1782.

[7] NEAGOE T, CRISTEA V, BANICA L. NTP versus PTP in computer networks clock synchronization[J]. 2006 IEEE International Symposium on Industrial Electronics, 2006, 1: 317-362.

[8] HUCKEBA H, DLUGY-HEGWER R. Precise time synchronization using IEEE 1588 for LXI applications[C]//2006 IEEE Autotestcon. Anaheim: IEEE, 2006: 129-135.

[9] LIPINSKI M, WLOSTOWSKI T, SERRANO J, et al. White rabbit: A PTP application for robust sub-nanosecond synchronization[C]. 2011 International IEEE Symposium on Precision Clock Synchronization for Measurement Control and Communication (ISPCS). Munich: IEEE, 2011.

[10] MOREIRA P, SERRANO J, WLOSTOWSKI T, et al. White rabbit: Sub-

nanosecond timing distribution over ethernet[C]. 2009 International Symposium on Precision Clock Synchronization for Measurement, Control and Communication. Brescia: IEEE, 2009.

[11] 丁小玉,张宝富,卢麟,等.高精度时间信号的光纤传递[J].激光与光电子学进展,2010(11):7.

[12] 谢钢.GPS原理与接收机设计[M].北京:电子工业出版社,2009.

[13] MISRA P, ENGE P. Global positioning system: Signals, measurements, and performance[M]. [S.l.]: Ganga-Jamuna Press, 2001.

[14] 李梦.双向测距与时间同步系统提高测量精度的方法研究[D].北京:中国科学院大学,2014.

[15] 黄磊,刘友永,陈少伍,等.适用于CEI的GEO卫星相时延解算方法及试验[J].宇航学报,2020,41(12):1579-1587.

[16] 刘广军,郭晶,罗海英.GNSS最优载波相位平滑伪距研究[J].飞行器测控学报,2015,34(2):161-167.

[17] IESS L, ABELLO R, ARDITO A, et al. The software correlator for ESA Delta-DOR[C]. Radionet Engineering Forum Workshop: Next Generation Correlators for Radio Astronomy and Geodesy. Groningen: [s.n.], 2006.

[18] KERMPEMA A, KETTENIS M M, POGREBENKO S V, et al. The SFXC software correlator for very long baseline interferometry: Algorithms and implementation[J]. Experimental Astronomy, 2015, 39(2): 259-279.

第6章

CEI测量误差分析

本章将对CEI应用的两种模式(单差分模式和双差分模式)分别进行S频段CEI测量误差分析。在单差分模式下,求取载波相时延的难度较高;而在双差分模式下,可通过标校源(一般为射电源或有精确轨道的GEO卫星)来标校钟差、大气介质、设备群时延等系统误差,尤其是其中不易被建模的对流层湿项、电离层扰动等误差项,但同时会引入标校源的位置误差。

6.1 单差分模式下误差分析

利用CEI获取得到同一目标至主、副测站的相位差,即单差分CEI模式下的测量量可表示为

$$\phi + 2\pi N = \omega_{\mathrm{RF}}\left(\frac{1}{c}B\cos\theta + \tau_{\mathrm{clock}} + \tau_{\mathrm{trop}} + \tau_{\mathrm{ion}} + \tau_{\mathrm{inst}}\right) + \phi_{\mathrm{LO}} \tag{6-1}$$

其中,ω_{RF}是射频观测频率。总延迟包括几何延迟、两站之间时钟偏差τ_{clock}、对流层和电离层传播媒介延迟τ_{trop}和τ_{ion}、任何未标校的设备延迟τ_{inst}。需要说明的是,对于深空目标的CEI测量,理论上还需要考虑太阳等离子体误差,但本书关注的测量目标是GEO卫星,因此该项误差不在本书的讨论范围里。另外,在每一个测站上均有一个本地振荡器(local oscillator,LO),会引入相位偏移ϕ_{LO}。$2\pi N$代表相位整周期模糊度,只有确定该相位整周模糊,才能获取高精度的射频信号载波相位延迟。此外,频率源及时频系统的稳定性还将对相关相位的测量产生影响;信号的信噪比、基线的空间方位不准确性也会影响时间延迟τ_{g}的测量精度。

由此可见,影响CEI测量的主要误差因素包括以下几个方面:τ_f,频率稳定度误差;τ_{clock},测站钟差;τ_{inst},观测设备延迟误差;τ_B,基线误差(通常包括站址和地球定向两部分);τ_{trop},对流层延迟误差;τ_{ion},电离层延迟误差;τ_{SNR},系统热噪声误差。

在单差分模式下,若要解载波相位模糊,上述所有项的均方根误差必须小于载波整周的一半。对各测控频段下最大允许均方根误差见表6-1。

表6-1 各频段单差分CEI测量条件下最大允许均方根误差

频段	参考频率/GHz	波长/cm	最大允许误差/cm	最大允许误差/ns
S	2.2	13.6	6.8	0.226
X	8.4	3.5	1.75	0.058
Ka	25.5	1.17	0.585	0.019

下面将对影响测量精度的系统热噪声、站址、对流层延迟误差、电离层

延迟误差、设备群时延差特性、钟差及钟速(含本振及采样钟)、天线形变等误差因素逐一分析。

1. 系统热噪声

热噪声引起的相位误差公式为[1]

$$\sigma_{\mathrm{p}}=\frac{\sqrt{2}}{2\pi f_{\mathrm{t}}\sqrt{T_{\mathrm{obs}}P/N_{0}}} \tag{6-2}$$

式中,f_{t} 为载波频率;T_{obs} 为积分时间(单位为秒);P/N_0 为目标信号载噪谱密度比。因为测控目标为GEO卫星,信号强,动态小,即 P/N_0 高,且可以采用秒级的积分,因此这里假设能够获得目标信号无模糊相时延,该误差3~4ps,可按1mm考虑。

2. 站址误差

在单差分模式下,站址误差所导致的基线误差将直接影响到最终的测量精度。通常情况下,测量站会通过长期静态GPS观测完成大地参考点测量,然后基于激光全站仪在本地测量坐标下完成天线参考点位置的精确测量,两者结合得到在空间直角坐标系下的精确站址。两站向量典型误差为毫米量级,该误差为系统差,且很难进一步消除。

3. 对流层延迟误差

对流层是大气层中较低的部分,一般认为它具有非色散的特性,因此各种射频信号相对自由空间传播被同等地延迟。

对流层延迟包括由干燥大气引起的干性分量和由水汽引起的湿性分量,其中干性分量约占总天顶延迟的95%,并与地面大气压力成正比。在常规气象条件下,干性分量值大致静态平稳;而湿性分量值非常不稳定,其与沿视线上的水汽密度成正比。

最常规的方法是采用经验模型对对流层误差进行修正,该方法只需获取相关测站的温度、湿度、压强等气象参数,利用经验模型对对流层进行逼近,推算出不同高度对流层电磁波传播误差,在仰角高于15°时,可以将各个测站的对流层误差修正90%左右,在低仰角范围内精度降低。

可用式(6-3)计算信号传播方向上的对流层延迟:

$$\tau_{\mathrm{atm}}=N_{\mathrm{d}}\times m_{\mathrm{d}}+N_{\mathrm{w}}\times m_{\mathrm{w}} \tag{6-3}$$

其中 N_{d} 和 N_{w} 分别是天顶干燥大气时延和天顶水汽时延;m_{d} 和 m_{w} 分别是对应的Herring-Niell映射函数。一般情况下,m_{d} 和 m_{w} 大致相等,因此式(6-3)可以简化成:

$$\tau_{\text{atm}} \approx N_{\text{d}} \times m_{\text{w}} + N_{\text{w}} \times m_{\text{w}} = (N_{\text{d}} + N_{\text{w}}) \times m_{\text{w}} \tag{6-4}$$

关于 N_{d} 和 N_{w} 的计算，可采用霍普菲尔德模型[2]：

$$N_{\text{d}} = 1.552 \times 10^{-5} \times \frac{P_0}{T_0} \times (H_{\text{d}} - h) \tag{6-5}$$

$$N_{\text{w}} = 7.46512 \times 10^{-2} \times \frac{e_{\text{w}}}{T_0^2} \times (H_{\text{w}} - h) \tag{6-6}$$

其中，$H_{\text{w}} = 11\,000$，$H_{\text{d}} = 40\,136 + 148.72 \times (T_0 - 273.16)$，$e_{\text{w}} = \text{TR} \times 10^{-2} \times 6.11 \times 10^{7.5\frac{T_0}{T_0+237.3}}$。$P_0$、$T_0$、$e_{\text{w}}$ 分别为测站的地面大气压(mbar)、温度(K)以及地面水汽压，h 为测站的海拔高度(m)，TR 为相对湿度。

映射函数 m_{w} 的计算公式如下：

$$m_{\text{w}} = \frac{1 + \cfrac{a}{1 + \cfrac{b}{1 + c}}}{\sin(\text{EL}) + \cfrac{a}{\sin(\text{EL}) + \cfrac{b}{\sin(\text{EL}) + c}}} \tag{6-7}$$

其中 a、b、c 为映射函数的有关系数，与观测站纬度有关；EL 为俯仰角。对于航天器跟踪与导航，按照下述式(6-8)表示的映射函数即可满足误差估计的精度要求。

$$m_{\text{w}} = \frac{1}{\sin(\text{EL})} \tag{6-8}$$

在进行实际观测时，延迟误差依赖于天顶对流层延迟的校准精度和观测仰角，误差的大小与仰角正弦值成反比。为了使这项误差对连线干涉测量观测的影响尽量小，应尽可能在高仰角时观测。

对于几十千米的单差分 CEI 观测来说，干项分量对消后的误差较小，主要的误差在于对流层湿项，若不进行修正，带来的误差将在厘米量级，若进行上述模型修正，将有望优于 1cm。更为精确的对流层误差修正方法可通过水汽微波辐射计(WVR)实现，在几十千米基线量级上，对流层湿项修正精度优于 5mm。

4. 电离层延迟误差

电离层是一种色散介质，它位于地球表面以上 60～1000km 的大气层区域。在这个区域内，太阳紫外线使部分气体分子电离化，并释放出自由电子。这些自由电子会影响电磁波的传播，并且与太阳活动密切相关。

在电离层中，电磁波传播的相速度和群速度是不同的。分析表明，相速度将超过群速度，相应的相对于自由空间传播而言，群速的延迟量等于载波相位的超前量，测站天顶方向上群速和相速的电离层延迟可按照式(6-9)计算。

$$\Delta S_{电离层,p}=-\frac{40.3\mathrm{TEC}}{f^2},\quad \Delta S_{电离层,g}=\frac{40.3\mathrm{TEC}}{f^2} \tag{6-9}$$

其中，TEC为信号传播路径上的总电子数，以电子/m^2或TECU为单位来表示，1TECU$=10^{16}$电子/m^2。TEC随一天的时间、测站位置、航天器仰角、季节、电离通量、磁活动性、日斑周期和闪烁而变化。其标称范围在$10^{16}\sim10^{19}$，两个极值分别发生在午夜和下午的中点。在任意视线方向上，电离层时延τ_{ion}可由全球TEC模型计算得出：

$$\tau_{ion}=\frac{k_{\mathrm{TEC}}}{f^2}\cdot\frac{1}{\cos\left(\arcsin\left(\frac{R\cos(\mathrm{EL})}{R+H}\right)\right)} \tag{6-10}$$

其中k为常数，$k=1.34\times10^{-7}$；f为信号频率；R为地球半径，取$R=6371$km；H为电离层高度，取$H=450$km；EL为航天器俯仰角。

在进行实际观测时，可由分布于全球的接收机对GPS卫星的双频测量得到全球电离层延迟分布。当测站本地及其周围部署多个接收机时可以得到比较好的校准精度。此项误差对连线干涉测量的影响取决于目标航天器和参考基准源差分之后没有抵消的残留误差。基于建立误差模型的目的，使用Klobuchar的电离层模型求取偏导数的方式更为方便。天顶电离层延迟夜晚不确定值和白天不确定峰值需要被分别描述。

S频段主、副站间电离层延迟差随天线仰角变化的曲线如图6-1所示。

频段越低，电离层影响越大，当基线长度小于20km时，绝大部分的电离层延时误差可通过单差分消除，但电离层短期扰动及其非均匀性导致的残余延迟值仍不可忽略(尤其是在低仰角观测时)。按照工程经验，对于S频段，当基线长度为100km量级时必须要进行修正，通过双频GPS法可使误差优于1cm。当基线长度为20km量级时，电离层误差优于5mm。

5. 设备群时延差

在单差分CEI模式下，两套设备的群时延差异将直接引入误差，该误差必须修正。修正方法为采用PCAL相位校准设备。由于PCAL相位标校信号并不能完全与载波频率重合，需利用分段线性拟合的方法对载波处相位进行内插处理，因此其修正相位存在一定的偏差，该值一般优于5mm。

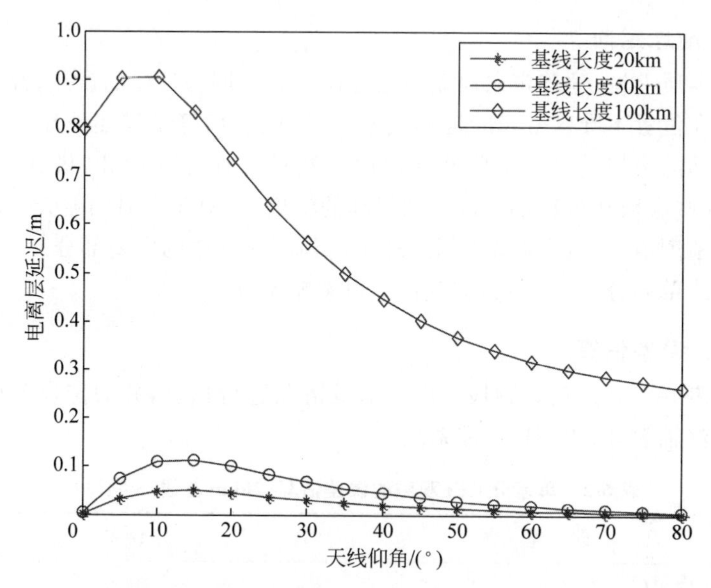

图 6-1 CEI 主、副站间电离层延迟差(S 频段)随天线仰角变化的曲线

6. 钟差、钟速差

CEI 系统相较于 VLBI 系统,其优势在于通过站间时频传递确保了频率源的共用,因此理想情况下钟速差可完全对消,剩下的误差包括常数值钟差,本振随机初相引入的常数相位差等。其中,钟差的影响是致命的,将全部反映到测量误差之中。1ns 的钟差将带来 1ns 的时延测量误差,对应距离值为 0.3m,已经超过了 2 个 S 频段的整周,因此会直接导致解整周相位模糊的失败。为此,若要在单差分模式下获取到无模糊的载波相位延迟量,对于 S 频段,需要达到 200ps 的精度(200ps 对应 6cm,S 频段波长约 13.6cm)。据了解,国内多家科研机构开展了利用射频或光频信号进行往返延迟及其稳定性的高精度测量研究工作,在 20km 距离上能够达到 50ps(15mm)的站间同步精度,在 100km 距离上能够达到 100ps(30mm)的站间同步精度[3]。

7. 本振随机初相

本振随机初相引入的最大偏差可至 1 个波长量级,必须在观测前精确获取该系统偏差,该偏差理论上可通过 PCAL 信号获取。

8. 天线形变

在单差分 CEI 模式下,天线形变误差为毫米量级,且无法修正。

9. 地球定向

从本质上说，地球定向误差与站址误差属于同一性质的误差，都是表征测量基准位置不准确带来的延迟误差，这项误差依赖于描述地球在惯性空间中转动的模型精度。这些地球定向参数被称作“UT1”和“极移”。一般而言，这些参数在事后都可以达到很高的精度，但对于实时的航天器定轨必须使用预测值。UT1 通常占据地球定向预测误差中的主要部分。

对于单差分 CEI 测量，该项误差可忽略不计。

10. 误差估算

于表 6-2 中针对 S 频段 20km 基线情况进行估算，并假定设备已配备微波水汽辐射计、PCAL 校准系统。

表 6-2 单差分 CEI 观测的误差估算(20km 基线，S 频段)

误 差 源	误差/mm
系统热噪声	1
站址(基线)(GPS+全站仪)	5
对流层延迟误差(气象站+WVR)	5
电离层延迟误差(5°仰角以上，双频 GPS)	5
设备群时延差(PCAL 校正)	5
钟差	15
天线形变	7
总计(均方和)	19.4

通过理论估算可以得出以下结论：对于 S 频段 20km 基线单差分 CEI 模式，误差为 19.4mm，小于 68mm 的最大允许误差，因此可以解载波相时延。

6.2 双差分模式下误差分析

若有高精度位置信息的标校源(射电源或航天器)用于差分 CEI 观测，则站间本振差得到对消，钟差、设备和传播介质等大部分公共误差得到减弱，差分 CEI 模式下的测量误表可表示为[4]

$$\Delta\phi + 2\pi\Delta N = \omega_{\mathrm{RF}}\left(\frac{B}{c}(\cos\theta_1 - \cos\theta_2) + \Delta\tau_{\mathrm{clock}} + \Delta\tau_{\mathrm{trop}} + \Delta\tau_{\mathrm{ion}} + \Delta\tau_{\mathrm{inst}}\right) \tag{6-11}$$

其中：$\Delta\phi$ 为双差分相位；ΔN 为射频差分相延迟的整周数；其他 $\Delta\tau$ 均为

未完全对消的残余延迟部分。

可以看出，由于大部分的系统偏差得到减小，从而使双差分观测的解载波相位整周期数 ΔN 所需的精度要求容易满足。

1. 系统热噪声

若标校源为导航卫星，同 6.1 节分析，该误差按 1mm 考虑；若标校源为射电源，该误差实际上与接收射电源信号的信噪比有关，为简化分析，此处也暂时按 1mm 考虑。

2. 站址误差

双差分 CEI 模式下，站址影响基本消除，理想情况下误差优于 1mm。

3. 对流层延迟误差

在进行实际观测时，每个站点的气象数据及可能的 GPS 卫星观测数据和/或水汽辐射计数据都被使用以便计算对于天顶对流层的校准值。延迟误差依赖天顶对流层延迟的校准精度、观测仰角，以及目标航天器和参考源在仰角方向上的差异，误差的大小与仰角正弦值成反比。为了使这项误差对连线干涉测量观测的影响尽量小，应尽可能在高仰角时观测。结合上述分析，用于计算这项误差的参数为测站 i 的天顶湿性延迟不确定性 $\rho_{z\text{wet}i}$ 和测站 i 的天顶干性延迟不确定性 $\rho_{z\text{dry}i}$。

对于每个测站，干性和湿性分量误差分别独立计算。所有的误差项都具有下面的形式[5]：

$$\varepsilon_{\Delta\tau}=\frac{\rho_z}{c}\left|\frac{1}{\sin\gamma_{\text{SC}}+0.015}-\frac{1}{\sin\gamma_{\text{QU}}+0.015}\right| \tag{6-12}$$

其中，ρ_z 取 $\rho_{z\text{wet}i}$ 或 $\rho_{z\text{dry}i}$。

需对每个测站干性和湿性分量误差（共 4 项误差）求取和的平方根以便估计对流层总的系统误差。对于误差估计可以使用更精确的映射函数，但这里给出的简单形式的映射函数对于估计典型的观测仰角下的对流层误差而言已经可以满足要求。

双差分 CEI 模式下，1km 基线量级上对流层延迟误差优于 3mm；20km 基线量级上约 5mm；100km 基线量级上，采用水汽微波辐射计，修正后误差约 5mm。

4. 电离层延迟误差

在双差分 CEI 模式下，电离层误差基本能够消除，最终残留误差由电离层不均匀性导致，不会超过波长的 10%，1km 基线量级可认为忽略不计；

20km基线上对于S频段约1mm；对于100km基线，通过双频GPS法可优于3mm。

5. 设备群时延差

在双差分CEI模式下，两套设备的群时延差异将基本抵消，但是若目标航天器和标校源之间存在频差，则会引入延迟量，需要采用PCAL相位校准设备修正，误差一般优于5mm。

6. 钟差、钟速差

CEI系统采用光纤时频传递技术，站间频率共源，站间频率稳定度极高，钟速影响可忽略不计。在双差分模式下，站间钟差可以抵消，误差忽略不计[6]。

7. 本振随机初相

在双差分模式下，该项误差可忽略不计。

8. 天线形变

在双差分CEI模式下，该项误差可基本抵消，按3mm考虑。

9. 地球定向

对于双差分CEI，该项误差可以忽略不计。

10. 标校源位置误差

双差分CEI模式下，测量精度与标校源的位置精度密切相关，标校源的位置误差将直接引入静地卫星的定位误差之中。

若标校源为射电源，其典型的位置精度为10nrad[7]，对于100km基线引入误差优于4mm；对于20km基线引入误差优于1mm；对于1km基线引入误差可忽略不计。

若标校源为导航卫星，则卫星位置精度会引入误差，对于20km基线，MEO导航卫星引入误差优于5mm，GEO导航卫星引入误差约1cm；对于1km基线，MEO和GEO导航卫星引入误差优于1mm；对于100km基线，MEO导航卫星引入误差优于2.5cm，GEO导航卫星引入误差约5cm[8]。

11. 误差估算

于表6-3中针对S频段20km基线情况进行估算，并假定设备已配备微波水汽辐射计、PCAL校准系统。

通过理论估算可以得出以下结论：对于S频段20km基线双差分CEI

模式，误差为 12.7mm，小于 68mm 的最大允许误差，因此可以解载波相时延。

表 6-3 双差分 CEI 观测的误差估算（20km 基线，S 频段，GEO 导航卫星）

误 差 源	误差/mm
系统热噪声	1
标校源	10
站址（基线）（GPS＋全站仪）	1
对流层延迟误差（气象站＋WVR）	5
电离层延迟误差（5°仰角以上，双频 GPS）	1
设备群时延差（PCAL 校正）	5
钟差	0
天线形变	3
总计（均方和）	12.7

参考文献

[1] KINMAN P W, et al. 210 Delta-differential one way ranging [J]. DSMS Telecommunications Link Design Handbook, 2004, 210.

[2] 罗天宇，臧德彦. 虚拟参考站对流层延迟算法[J]. 测绘科学，2012，37(5)：3.

[3] 应康，桂有珍，孙延光，等. 200km 沙漠链路高精度光纤时频传递关键技术研究[J]. 物理学报，2019，68(6)：28-35.

[4] EDWARDS C D, ROGSTAD D H, FORT D N , et al. The goldstone real-time connected element interferometer[J]. JPL TDA Progress Report. 1992.

[5] CCSDS. CCSDS 500.1-G-1, Delta-DOR—Technical characteristics and performance [S]. Washington D.C.: CCSDS Secretariat, 2013.

[6] 黄磊，李海涛，郝万宏. 频率源特性对 CEI 精度影响分析[J]. 飞行器测控学报，2014，33(5)：371-376.

[7] EDWARDS C D. Goldstone intracomplex connected element interferometry[J]. JPL TDA Progress Report, 1990.

[8] 孟祥广，孙越强，白伟华，等. 北斗卫星广播星历精度分析[J]. 大地测量与地球动力学，2016(10)：870-873.

第7章

CEI测量技术的应用

7.1 概述

CEI 测量技术具有较高的测角精度,可应用于中高轨卫星的定轨以及共位 GEO 卫星的相对定位,也可用于月球及深空航天器的导航测量。NASA 利用 CEI 技术构建了站点测试干涉仪,实现了大气引起的链路时延抖动测量及评估。此外,CEI 测量还用于在测地领域实现本地站址局部高精度连接。

7.2 国内高轨卫星定位中的应用

7.2.1 应用场景

近年来,我国对同步卫星的轨道精度的需求也越来越高,需要研究更高精度的测定轨方法。目前,较为成熟的 GEO 卫星轨道测定技术是单站 RAE 测量(R 为距离,A 为方位角,E 为俯仰角)和多站 nS/nR 测量(S 为距离和,R 为距离)。GEO 卫星单站 RAE 测量中,受方位/俯仰测角精度限制,最终定轨精度为千米量级;多站 nS/nR 测量中,高精度距离测量需要利用航天器宽带转发器转发地面测站的测距信号,得到闭环的信号路径时延。无论是单站 RAE 测量,还是多站 nS/nR 测量,均为主动式测量,需要目标卫星合作转发测距信号。

北京跟踪与通信技术研究所联合中国电子科技集团公司第五十四研究所在喀什地区构建了 CEI 测量系统,以我国航天测控网喀什地区的两个测控站为基础(以下分别称为测站 1 和测站 2),补充 CEI 试验所必须的光纤时频传递设备、数据采集与基带转换设备、数据相关处理设备等。两个测站直线距离约 20km,呈东西向排列。试验过程中采用基于北斗(后文称“BD”)GEO 导航卫星校准的差分 CEI 观测方案,对 BD 卫星和待测卫星进行短期交替观测完成系统差标校,协助解相位整周期模糊,得到高精度的干涉时延测量。

CEI 系统示意图如图 7-1 所示。时频设备产生高稳定度的时标信号(1PPS)和频标信号(10MHz),并通过光纤稳相分发到 2 个测站,保证 2 个测站之间能够有相同的频率源和相同的时标。2 个测站分别对下行信号进行采集和预处理,预处理后的信号送中心处理设备;轨道预报设备根据卫星的轨道根数和站址给出的卫星到各测站时延差是预报值;数据处理设备根据预报值对接收数据进行处理，得到精确的测量时延差值。

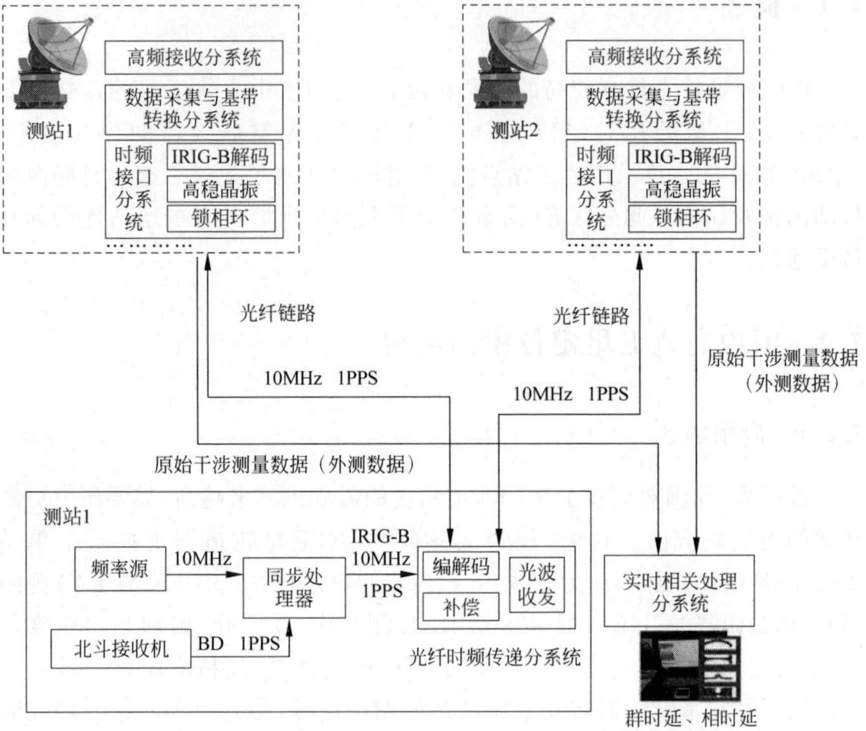

图7-1 基于光纤时频传递的CEI系统构成图

7.2.2 应用效果

7.2.2.1 观测模式设计

试验采用的标校源为BD卫星(目前我国BD GEO卫星的导航电文位置精度优于10m，对应20km基线时延误差优于20ps，可作为标校源使用)。试验目标为X卫星，两颗卫星角距在10°以内，测控频段为S频段，采用交替观测模式。

其中X卫星下行信号为标准测控(TT&C)信号，遥测副载波频率65.536kHz，测距主音100kHz，实际试验中数据采集带宽为256kHz；BD卫星下行信号为伪码测距信号，带宽10MHz，实际试验中数据采集带宽为8MHz。考虑到X卫星信号带宽较窄，求取精确相时延整周模糊值的难度较大，因此试验中将X卫星的观测时间加长。具体实施方式为：先对BD卫星观测7min，随后停止观测3min(停止时间内使测站1和测站2同时切换天线从 BD 卫星指向 X 卫星)，再对 X 卫星观测 17min，随后停止观测 3min，再切换到 BD 卫星观测；如此循环，连续观测共计 8h。

7.2.2.2 信道标校

采用交替观测模式(双差分模式)可以将站间时差、设备延迟、对流层、电离层等介质误差基本消除，但有一点不能忽略，那就是在干涉测量的实际应用中标校源与待测目标源的频率应一致或足够接近，否则会引入下行信道滤波器在不同频点的群时延色散误差。针对此次试验，BD 卫星频点为 2218MHz，X 卫星频点为 2231MHz，两者相差达到十几兆赫兹，因此必须对 CEI 下行信道进行标定。利用矢量网络分析仪获取的实际标定结果如表 7-1 所示。

表 7-1 信道群时延色散特性标定

特　　性	2218MHz	2231MHz	两频点差值
测量均值/ns	9.9	8.6	1.3

可以看出，在这两个频点上，设备群时延色散约为 1.3ns，后续试验数据中应该补偿信道的群时延特性。

7.2.2.3 试验实施

试验共进行了 4 天，每天的观测均从 22 时开始，开展 6～8h 的连续观测。两测站获取到的测量原始数据均先在本地进行磁盘记录，于试验结束后开展事后相关处理分析。

7.2.2.4 试验结果

4 天试验的结果基本一致，下面给出第 1 天试验的数据处理结果。先利用卫星的轨道预报值推导出每个 SCAN(指一个观测弧段)的时延，利用预报值对测量数据进行预补偿，补偿后的残余相关相位如图 7-2、图 7-3 所示。图 7-2 为 X 卫星的相关处理结果，共 15 个 SCAN，每个 SCAN 为 17min，间隔 10min；图 7-3 为 BD 卫星的相关处理结果，共 15 个 SCAN，每个 SCAN 为 7min，间隔 20min。

由观测量减去理论值能够得到时延残差，这部分残差中包括了各类误差的总和，主要包括设备延迟、站间时间同步误差、对流层误差、电离层误差、热噪声误差，而站间时间同步误差、对流层误差、电离层误差对于两颗卫星来讲可以认为是一致的，即 $\Delta\tau_{\text{clock}}\approx 0$、$\Delta\tau_{\text{trop}}\approx 0$、$\Delta\tau_{\text{ion}}\approx 0$。设备链路的不一致性不能忽略，通过前期标校可知为 1.3ns。

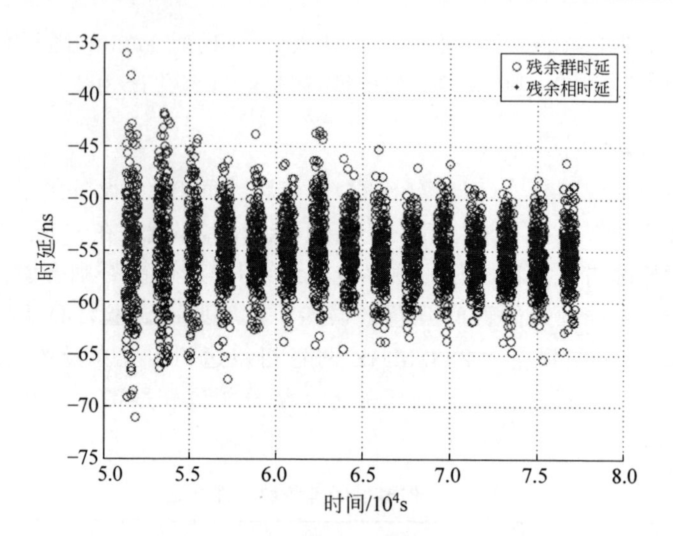

图 7-2 X 卫星相关处理结果(后附彩图)

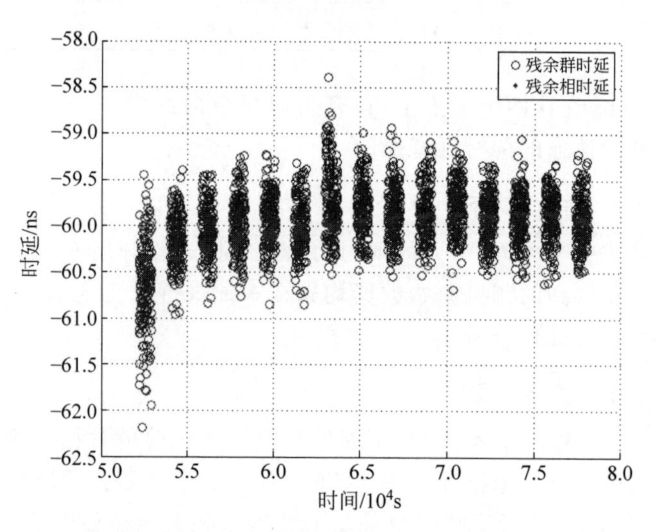

图 7-3 BD 卫星相关处理结果(后附彩图)

最终获得的相时延观测量与精轨的理论值对比如图 7-4 所示。从图中可以看出,前面几个 SCAN 的残余相关相位波动较大,后面几个 SCAN 较为稳定。用 BD 的残差拟合 X 的残差得到 X 的测量值,与精轨对比,最大偏差为 0.16ns,且随时间变化有逐渐稳定的趋势,稳定在 0.1ns 以内。

综上,通过 CEI 试验系统在 20km 基线上开展测量,对 BD 卫星的伪码测距信号和 X 卫星的 TT&C 信号均成功实现了 S 频段解载波整周相位模糊。通过 BD 卫星做标校源,得到 X 卫星的精确相时延观测量,该观测量与

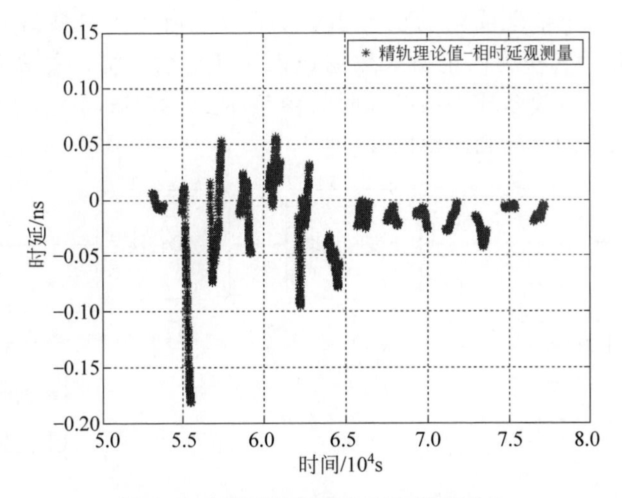

图 7-4　相时延观测量与理论值的对比

通过 X 卫星精轨反算的相时延理论值相比，精度达到了 0.1ns，对应的 GEO 轨道精度优于 54m。

7.3　国外中高轨卫星定轨中的应用

7.3.1　CEI 系统对中高轨卫星定轨

林肯研究公司（Rincon Research Corporation，RRC）、诺斯罗普·格鲁曼公司（Northrop Grumman）、迅腾有限公司（Symmetricom）和美国国家标准与技术研究院（National Institute of Standards and Technology，NIST）利用位于图森和菲尼克斯的 2 个相距 180km 的地面站构建了 CEI 系统。2 个测站通过光纤连接，用于高速数据传输以及时间和频率同步（利用商业光纤链路完成双向时间传递，精度优于 50ps）。该 CEI 系统测量的是射频信号的到达时间差（time difference of arrival，TDOA）和站间射频相位差。利用该系统跟踪了中、高空轨道目标，并利用事后精密星历来评估 CEI 方法的准确性[1]。

7.3.1.1　系统组成

该 CEI 系统由 2 个接收点组成，使用 1 对单模光纤连接。每个站点的时间传输设备在每个方向产生 155.52Mb/s 数据信号，用于站间的时间、频率和数据传输。2 个测站之间直线距离约 180km，连接站点的光纤长约 193km，中间放置了 3 个掺铒光纤放大器。

CEI系统单个地面站的设备组成如图7-5所示。射频信号经过下变频、AD转化后转换为固定格式数据送入光纤传输系统。主站内铯原子钟为整个系统所有设备提供频率和时间参考,从站内时统与主站点交换数据,以保持高精度的时间和频率同步。

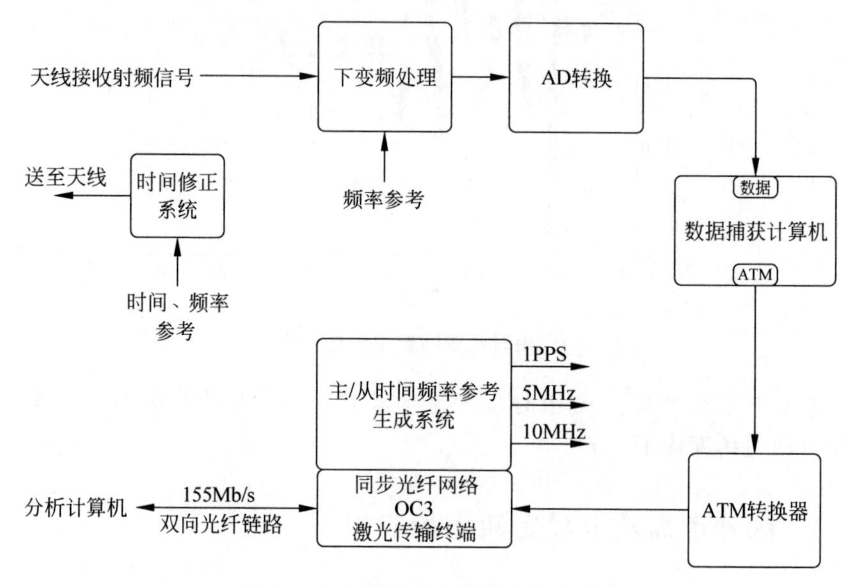

图7-5 CEI系统单个测站的设备组成

2个站点的时间和相位校准信号锁相到站点时统,校准信号从天线馈电处注入。这些校准信号用于校准接收信号的时间和相位。

单个站点的信号以每秒2000万次采样的速度进行数字化处理,时标误差稳定在20～50ps,数据传输到处理计算机完成互相关,生成两站信号的TDOA及站间信号射频相位差。该系统用于跟踪GPS卫星、INMARSAT对地静止卫星。对GPS和WAAS跟踪时,菲尼克斯站使用全向天线、图森站使用4.5m天线,对地球同步卫星跟踪时2个站点均使用1m天线。GPS卫星通常在双站共视时跟踪,弧段约数小时;地球同步卫星则连续跟踪数天。

7.3.1.2 数据处理分析结果

射频相位数据与TDOA数据联合进行轨道解算,并利用轨道分析软件对CEI系统测量数据进行分析。测量数据采样间隔在1～30s,由于地面站与卫星之间的相对运动较小,测量数据稀疏处理后的间隔在30～60s。处理结果表明TDOA测量随机误差(噪声)为2～5m(1σ),射频相位数据随机误差约为5cm(1σ)。

利用 GPS 提供的精确星历信息，完成两站仪器设备引入的时延系统误差的提取，进而完成观测数据校准。GPS 卫星仅使用 CEI 测量的 TDOA 数据，与美国国家图像与测绘局的精密星历表互比，5 天测量数据定轨精度达到 30m（3σ）。利用 INMARSAT 卫星星历（54°W 地球静止轨道的 INMARSAT 卫星是美国联邦航空局广域增强系统的一个组成部分，在 L1 发射类似 GPS 的 C/A 测距信号，并提供精度约 30m 的星历信息）及连续 72h 的 TDOA 数据，确定该卫星轨道的精度约为 3km，由于该卫星和地面之间的相对运动非常小，定轨精度较差。

利用协方差分析研究 CEI 系统的预期性能。协方差分析表明，图森-菲尼克斯 CEI 系统可以提供 15～20m 的近地轨道精度。通过增加第 3 个节点，并将基准长度从 1000km 延长到 2000km，选定的 GEO 目标的轨道精度应该可以达到 100m 左右。

7.3.2 节拍-M 系统

目前在地球轨道上有 15 000 多个人造物体，且其数量还在高速增加。在此背景下，对飞行器的控制精度提出了更高要求，其控制精度误差不仅会影响卫星设备安全，且可能会导致国际冲突。

莫斯科动力学院特种设计局研制的多功能测向系统“节拍-M”可将航天器的坐标精度确定到 4～6 角秒，并可化简航天器的轨道导航，做出更安全的机动飞行。

7.3.2.1 简介

“节拍-M”的特点是全天候。它与光学系统不同，其工作不受云层和光的明暗情况影响。“节拍-M”可根据位于 200～40 000km 的助推单元和航天器在 1～8.5GHz 频段发射的不间断无线电信号进行工作，其上限可覆盖大部分人造地球卫星的高轨道。在必要情况下，其作用距离可提高到 380 000km，即地球到月球的距离，而工作频段可扩展到 18GHz。新型“节拍-M”系统是最完善的控制设施之一，它可保证几个航天器在公共驻留点上的高精度动作及作业安全，可对航天器的轨道进行修正，避开空间垃圾。

7.3.2.2 基本原理

“节拍-M”的工作原理类似于格拉纳斯（GLONASS）卫星导航系统，只是按照相反的方向进行。为了确定航天器的坐标，在地球上采用空间分布的 5 面天线接收航天器信号。

接收到的信息送入控制站，利用专用软件测量接收信号的相对延迟时间，并将计算结果换算成角度坐标。这种方法可提高测量精度，避免在航天器上安装航迹设备。

1. 主要技术指标：

(1) 频段：1～8.5GHz。

(2) 基线长度：50m。

(3) 测量角坐标的极限精度：

- 随机误差：2角秒；
- 系统误差：4～6角秒。

(4) 观察区域：

- 方位角：0±270°；
- 仰角：5°～87°。

(5) 天线反射器直径：3.1m。

(6) 天线对准：

- 同步；
- 单独。

(7) 控制：

- 操作员手动控制；
- 自动。

(8) 服务期限不低于：15年。

(9) 频道扩展：有。

(10) 数据传输(协议)：FTP，以太网，在线状态，SMTP。

(11) 编目：有。

(12) 档案：有。

(13) 空间目标数据库：有。

(14) 自动更新：有。

(15) 弹道处理：有。

(16) 大地测量连测：有。

(17) 计算天线工作点偏差：有(自动)。

2. 主要功能：

(1) 测量航天器和助推单元的当前角坐标(方位角和仰角)。

(2) 根据辐射的无线电信号进行航天器的空间搜索。

(3) 评估航天器和助推单元的六维矢量。

(4) 确定和评估航天器和助推单元辐射的无线电信号频谱特性。

3. 主要优点和特点：

(1) 全天候。

(2) 不需要在航天器和助推单元上安装任何专用的无线电发射设备。

(3) 航天器和助推单元在 1～8.5GHz 频段辐射的各种连续无线电信号(频谱带宽 10MHz)可成为相关相位测向仪的工作定位信号(其中包括电视、通信、遥测等信号)。

(4) 与测距指令测量设备相比,可高精度确定航天器和助推单元轨道的外平面参数。

7.3.2.3 应用

新型相关相位测向仪已经并入俄罗斯用于科研和社会经济目的的航天器地面自动化控制系统。"节拍-M"系统位于莫斯科动力学院特种设计局"熊湖"航天通信中心,通过"Электро-Л №2"遥感卫星、"Луч"转发系统卫星和"Бриз-М"助推单元试验验证。根据俄罗斯航天基础设施发展框架,类似系统准备安装在克拉斯诺亚尔斯科边境区、东方新发射场及西半球。这种布局可保证能够昼夜得到位于地球轨道上的俄罗斯与其他国家航天器,以及助推单元在整个入轨区段的坐标信息,并可对轨道-频率资源进行监视。

"节拍-M"系统将采用俄罗斯生产和他国生产商研制的先进器件。新系统与旧系统(相关相位测向仪"Ритм")相比,主要区别是实现了信号数字多信道处理状态,传输微波信号的微波电缆改用了光纤通信线路。

从 2012 年开始,新一代相关相位测向仪接入用于科研和社会经济用途的空间设备地面自动控制系统。

7.4 站点的水汽测量

NASA 已计划将其深空和近地通信网络系统向 Ka 频段升级,为太空探索提供高于 99%系统可用性和吉比特每秒量级的数据通信服务。深空网(DSN) 70m 口径天线预计将被更小口径(34m 或 12m)的地面天线组阵取代。新系统需具备灵活性和可靠性,以满足 NASA 后续任务需求。

为了解决未来深空任务中 70m 单口径深空天线的更新换代问题,NASA 正在探索使用更小口径的天线组阵,以提高下行接收灵敏度和上行发射功率。参与组阵的天线的距离通常在数百米,很容易受到大气湍流的影响,使得链路时延产生波动从而降低天线组阵的相干性。对于下行链路,在信号足够强的情况下对天线组阵的时延波动进行实时测量,在信号处理过程中可以校正大气湍流等时变因素的影响。然而对于上行链路,没有可用的信号,因此需要对大气湍流引起的损耗进行评估。

大气湍流的水汽含量变化改变了介质的折射率,导致电磁波传播路径长度的变化。对于天线组阵来说,这些变化表现为随机相位噪声,并降低地面天线组阵系统的性能。站点测试干涉仪(site test interferometry,STI)是直接测量大气相位稳定性的最佳系统。为了评估确定Ka频段天线阵列点位,需要确定该点位的大气相位稳定性,NASA格伦研究中心建造了站点测试干涉仪,直接测量对流层相位稳定性。目前,3个DSN综合设施中均包含至少一个STI,以测量并表征典型天线阵列中大气的影响。此外,白沙和关岛地面站也建设部署了相关设备[2-7]。

7.4.1 基本原理

站点测试干涉仪由2个小口径天线和相关的电子设备组成,它们之间相隔约200m,2个站点天线之间通过光纤连接,用于本振(LO)信号和中频(IF)信号传输。STI天线连续接收地球静止卫星发射的信号,并生成2个天线接收到的信号相位差信息。因此,STI测量距离较远的目标源到地面2个站点之间的路径差,实现空间传播距离上大气相位波动的测量(如图7-6所示)。大气湍流导致信号传播路径变化、信号波前扭曲,使得站点之间引入相位差。

大气的相位波动随着站点位置的气候和海拔等因素变化,且与昼夜及季节均相关。利用STI开展长时间的观测,可建立一个完备的数据库,对该地点的大气影响进行可靠的统计。因此,这些数据可用于评估站点部署上行组阵的可行性,并可用于对该站点的链路性能进行评估。通过适当调整阵列的STI仰角、频率和站点间距,该统计数据可用于估计天线组阵的相位损耗。在无下行信号情况下,将STI部署在上行的天线组阵附近,可以提供实时修正信息。

NASA格伦研究中心与喷气推进实验室和戈达德空间飞行中心合作,已经建造了多台设备,部署在美国戈尔德斯通深空站及新墨西哥州的白沙站等地。根据对流层路径长度波动的均方根,统计分析10min的相位稳定性,形成地面风速和相对湿度与干涉仪相位的关系。结果表明,戈尔德斯通深空站的信号路径长度波动在90%的时间内都优于757μm(300m基线,天顶方向)。在新墨西哥州白沙站收集的6个月数据中,90%的时间路径长度波动都优于830μm(300m基线,天顶方向)。

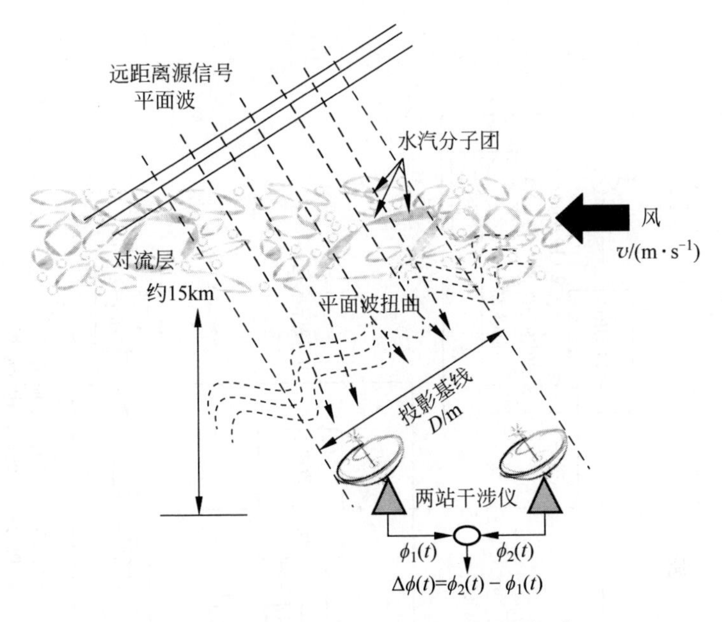

图 7-6 站点测试干涉仪的基本原理[8-10]

7.4.2 主要技术指标

戈尔德斯通 STI 系统设计框图如图 7-7 所示，该干涉仪由 2 个 1.2m 的偏置馈电抛物面天线组成，天线半功率波束宽度为 0.7°。由 GPS 和铷钟产生 10MHz 信号为所有设备提供时间和频率基准。本振信号经过光纤链路传送至 STI 的 2 个地面站。射频信号和中频信号框的内温度保持恒定，不受外部天气条件影响。频率为 20.199GHz 的未调制信标信号被接收、放大和下变频处理，可以分为 2 个阶段：首先到射频馈电箱中转换为 70MHz 信号，然后到中频箱中转换为 455kHz 信号。2 个天线接收的 455kHz 信号传送到室内进行模数转换（A/D，3.64MHz 采样率）和进一步的信号处理。DSP 算法从频谱中定位载波峰值，确定其频域同相（I）和正交（Q）分量。处理结果按照 1Hz 的采样率存储至文件。

差分相位数据首先进行解卷绕，得到连续的差分相位曲线。获取 1 天的观测弧段内站间差分相位连续变化曲线（类似正弦曲线），这是由卫星与 STI 天线之间微小运动引起的。为了测量大气的扰动对相位差测量产生的影响必须消除卫星运动的影响。与大气扰动影响相比，卫星运动的影响是非常缓慢的，可以通过对数据进行二阶多项式拟合、滤波来去除这些影响。

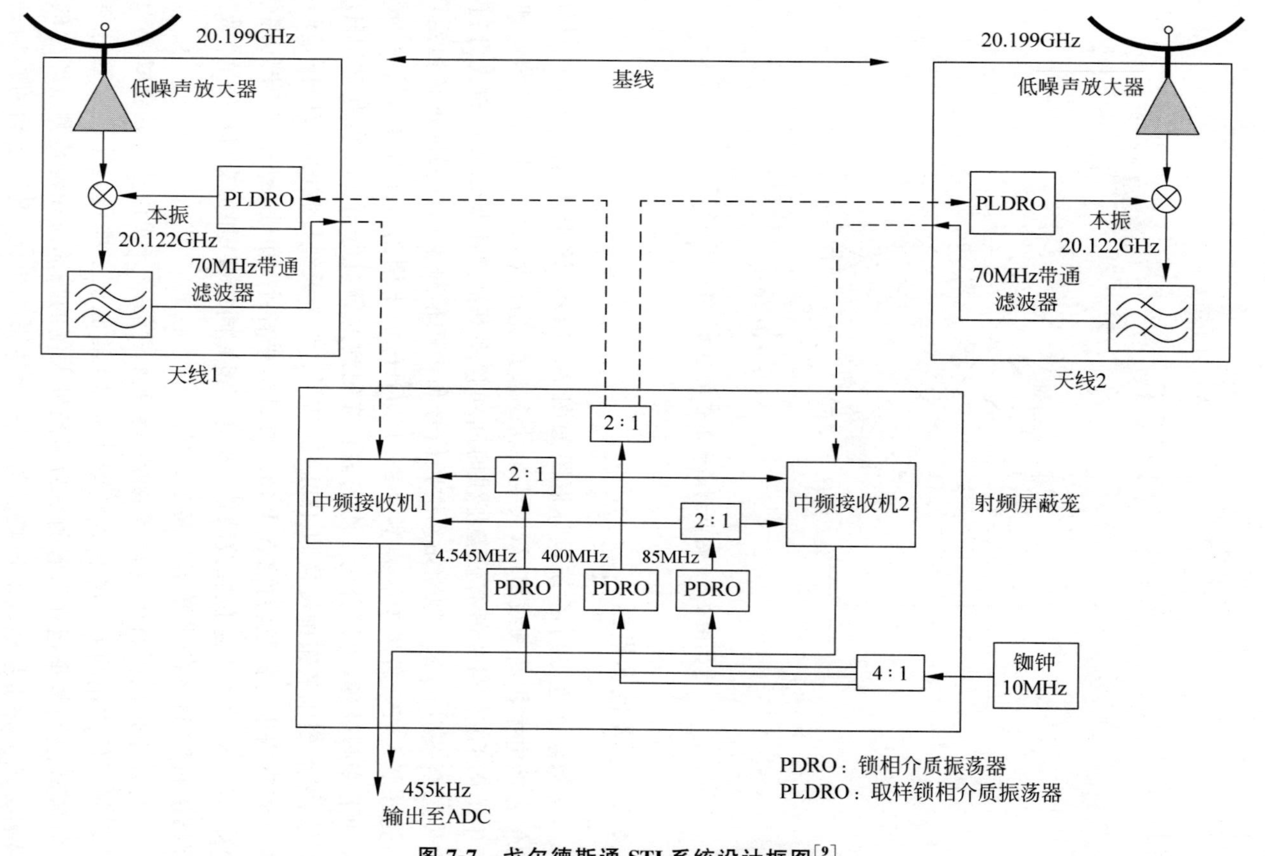

图 7-7 戈尔德斯通 STI 系统设计框图[9]

7.4.3 应用

NASA 格伦研究中心与喷气推进实验室和戈达德空间飞行中心合作，已建造多台设备并部署在戈尔德斯通深空站及新墨西哥州白沙站等地。不同站点的主要区别是仰角和基线长度，两者对相位测量都有显著的影响。此外，在戈尔德斯通阿波罗点位部署了哈佛-史密松天体物理中心设计的卫星宽带数字电视广播信号白噪声干涉仪，各站点信息如表 7-2 所示[10-12]。

表 7-2 4 个 STI 站点相关信息

站点位置	戈尔德斯通-金星	戈尔德斯通-阿波罗	白沙	关岛
安装日期	2007 年 5 月	2010 年 9 月	2009 年 2 月	2010 年 5 月
经度/(°)	35.2477	35.3415	32.5423	13.5868
纬度/(°)	−116.7915	−116.8744	−106.6139	144.8409
基线长度/m	256	190	208	600
目标卫星	ANIK F2	Ciel 2	ANIK F2	UFO-8
俯仰角/(°)	48.6	47	51.8	37.3
方位角/(°)	170.2	201	188.3	256.4
观测频率/GHz	20.2	12.5	20.2	20.7

第 1 个 STI 于 2007 年 5 月部署在戈尔德斯通的金星点位 DSS-13 天线。该 STI 由 2 个 1.2m 直径的天线(和相关设备)组成，一个站点位于 34m 的 BWG 天线旁边，另一个站点位于操作控制大楼旁边，在东西方向上相距约 256m。2 个天线连续以 48.6°仰角观测加拿大静止轨道广播卫星 ANIK F2(轨道经度 111.1°W)，ANIK F2 发射的 20.2GHz 信标音作为 STI 的信号源。该 STI 由 NASA 格伦研究中心和喷气推进实验室的射频传播实验人员合作完成设备部署及数据分析。STI 从 2007 年 5 月开始收集数据，已经稳定运行多年。

第 2 个 STI 于 2010 年 9 月在戈尔德斯通阿波罗点位完成部署，该基地包含 3 个深空网 34m BWG 天线。阿波罗基地的天线是 X 频段上行组阵的首选，并开展 X 频段上行组阵演示验证。

该 STI 采用哈佛-史密松天体物理中心(Harvard-Smithsonian Center for Astrophysics，CfA)的设计方案，即利用卫星宽带数字电视广播信号白噪声干涉仪。与其他 STI 设计使用的窄带信标相比，广播电视信号具有高功率和更高的信噪比。使用宽带信号还可以区分来自不同方向的信号，包括多径反射和其他位于附近轨道位置的卫星。

这种设计的 STI 最初在夏威夷莫纳克亚亚毫米阵列(submillimeter

array,SMA)部署。CfA 经过一些修改后,部署在阿波罗基地以及其他 4 个地点,包括堪培拉 DSN 综合体、马德里 DSN 综合体以及澳大利亚和南非的平方公里阵列站点。

2 个直径 0.84m 的天线以 47°仰角和 12.5GHz 频率接收 Ciel 2 地球静止广播卫星(轨道经度 129°W)发射的射频宽带信号。天线间使用光纤传递的本振信号(LO)将接收信号转换为 1.2GHz 的中频信号。中频信号通过光纤传输到信号处理中心进行 I-Q 混频处理,并进行数字化进而保存至本地磁盘,然后通过 TCP/IP 网络定期下载到其他计算机进行分析。

戈尔德斯通阿波罗点位 STI 在 2010 年 9 月 21 日完成部署和测试活动后不久就开始例行数据采集。金星和阿波罗点位的 STI 数据经比较后用以评估 2 个点位 STI 数据的一致性。

白沙站点 STI 由 2 个 1.2m 直径的天线(和相关设备)组成,在南北方向上相距约 208m,观测仰角为 51.8°。

关岛站点 STI 由 2 个 1.2m 直径的天线(和相关设备)组成,在近似南北方向上相距约 600m,观测仰角为 37.3°。该 STI 从 2010 年 5 月开始收集数据。

测试表明,该干涉仪系统能够分辨的相位差低至 1.8°(均方根)。从 STI 数据获取的延迟统计的波动映射至频率为 7.15GHz、仰角为 20°、基线长度为 191m 的 2 个站点天线组阵,在温暖月份有 90%概率链路损失在 0.08~0.12dB;在凉爽月份有 90%概率链路损失在 0.01~0.05dB。

7.5 基于 CEI 的本地站址连接

为了利用新的 VLBI 全球观测系统(VLBI global observing system,VGOS)望远镜与其他现有的空间大地测量 VLBI 望远镜开展联合观测,须确定新站点和老站点的参考点之间的局部连接向量。在 2019 年和 2020 年期间使用 Onsala 天文台内 3 个 VLBI 大地测量站(即 ON、OE 和 OW)开展了一系列短基线干涉测量[13-14]。

Onsala 空间天文台(Onsala space observatory,OSO)是大地测量核心站点之一。自 1979 年以来,直径 20m 的射电望远镜 ONSALA60 (ON)被用于测量 VLBI,并定期参加国际 VLBI 服务(IVS)的观测。这使得 ONSALA60 站成为 IVS 中所有活跃的 VLBI 站中观测时间序列最长的一个。2015—2017 年,按照下一代 VLBI 系统 VGOS 要求,Onsala 空间天文台新建了 2 个 13.2m 口径的无线电望远镜 ONSA13NE(OE)和 ONSA13SW

(OW),也称为“Onsala 双望远镜”(Onsala twin telescopes,OTT)。VGOS设备于2017年5月正式投入使用,并于2017年年底开始参加VGOS国际测试。经过全面的系统测试,OTT从2019年年初开始在IVS VGOS中定期运行。3个天线的空间位置布局如图7-8所示,按OW(左),OE(中),ON(右,雷达天线罩内)排列。OW和OE之间相距约75m,ON和OE之间的基线长约470m。表7-3提供了Onsala天文台3个测地VLBI系统的一些技术参数。

图7-8 Onsala天文台的望远镜

利用Onsala天文台的3个望远镜构成短基线干涉测量系统开展实验,由于望远镜之间的最远距离只有550m,电离层引入误差可以忽略不计,因此没有必要进行双波段(如S/X)观测,仅在3个望远镜重叠频率范围8.1～9GHz(X波段)开展观测。

表7-3 OSO测地VLBI观测的望远镜参数

VLBI测站	代号	口径/m	频率/GHz
ONSALA60	ON	20.0	2.2～2.4 8.1～9.0
ONSA13NE	OE	13.2	3.0～15
ONSA13SW	OW	13.2	2.2～14

总共观测了25次,观测时间大部分为24h,仅在X频段进行观测。利

用 VSolve 对数据进行预处理并解决模糊，利用 ASCOT 对站址进行求解并对射电望远镜的引力变形等影响进行建模。通过联合观测，使得 OTT 望远镜站址精度达到亚毫米级。对于 Onsala 天文台的第 4 个 VLBI 站(即 25m 射电望远镜)，计划在 C 频段采用短基线干涉测量完成局部站址连接。

参考文献

[1] MORRISON D,POGORELC S,CELANO T,et al. Ephemeris determination using a connected element interferometer[C]. 34th Annual Precise Time and Time Interval (PTTI) Meeting. [S. l. :s. n.],2002.

[2] MORABITO D D, D'ADDARIO L, ACOSTA R J, et al. Tropospheric delay statistics measured by two site test interferometers at Goldstone, California[J]. Radio Science,2013,48(6): 729-738.

[3] MORABITO D D, D'ADDARIO L, FINLEY S. A comparison of atmospheric effects on differential phase for a two-element antenna array and nearby site test interferometer[J]. Radio Science,2016,51(2): 91-103.

[4] MORABITO D D, D'ADDARIO L. Two-element uplink array loss statistics derived from site test interferometer phase data for the Goldstone climate: Initial study results[J]. IPN Progress Report,2011,42: 186.

[5] MORABITO D D,D'ADDARIO L,KEIHM S,et al. Comparison of dual water vapor radiometer differenced path delay fluctuations and site test interferometer phase delay fluctuations over a shared 250-meter baseline[J]. IPN Progress Report,2012,42: 188.

[6] MORABITO D D, D'ADDARIO L. Atmospheric array loss statistics for the Goldstone and Canberra DSN sites derived from site test interferometer data[J]. IPN Progress Report,2014,42: 196.

[7] MORABITO D D,D'ADDARIO L. Atmospheric array loss statistics derived from short time scale site test interferometer phase data[J]. IPN Progress Report,2014, 42: 198.

[8] ZEMBA M J,MORSE J R,NESSEL J A. Ka-band atmospheric phase stability measurements in Goldstone,CA; White Sands,NM; And Guam[C]. 8th European Conference on Antennas and Propagation (EuCAP). [S. l.]: IEEE,2014.

[9] ACOSTA R J,NESSEL J A,MORSE J R. Path length fluctuations derived from site testing interferometer data [R]. Ohio: National Aeronautics and Space Administration Glenn Research Center,2010.

[10] NESSEL J A,ACOSTA R J,MORABITO D D. Phase fluctuations at goldstone derived from 1-year site testing interferometer data [R]. Ohio: National Aeronautics and Space Administration Glenn Research Center,2009.

[11] NESSEL J A. Overview of propagation studies at NASA Glenn Research Center[R]. [S. l.]: NASA Glenn Research Center Advanced High Frequency Branc, 2015.

[12] VOLOSIN J, et al. Proposal for a joint NASA/KSAT Ka-band RF propagation terminal at Svalbard, Norway[R]. [S. l. : s. n.], 2010.

[13] VARENIUS E, RÜDIGER H, NILSSON T. ONTIE: Short-baseline interferometry at Onsala Space Observatory[C]. [S. l. : s. n.], 2021.

[14] VARENIUS E, RÜDIGER H, NILSSON T. Short-baseline interferometry local-tie experiments at the Onsala Space Observatory[J]. Journal of Geodesy, 2021, 95: 54.

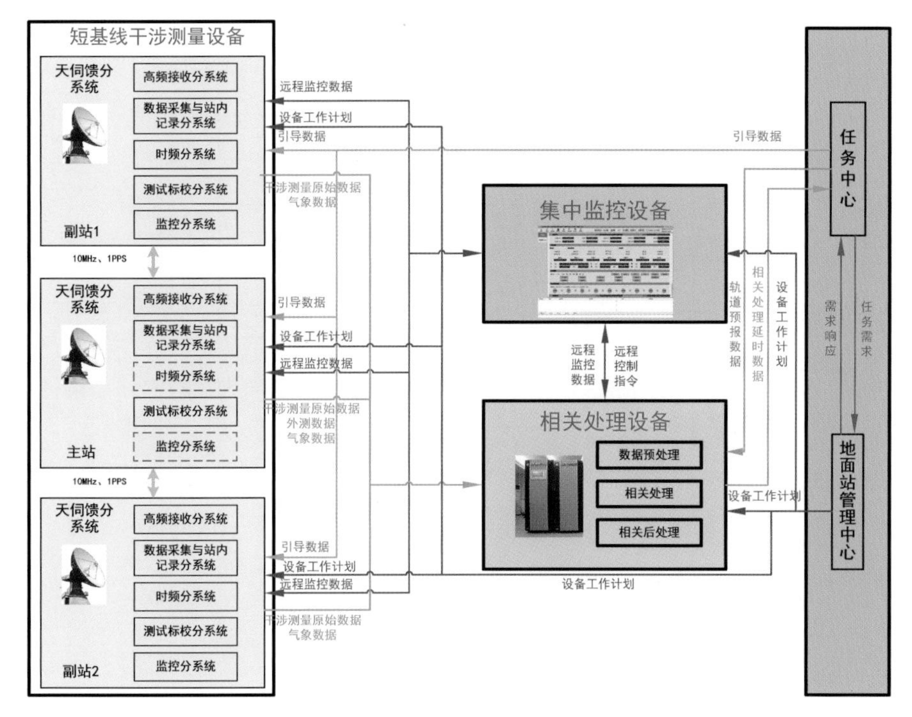

图 3-1　CEI 系统硬件体系架构

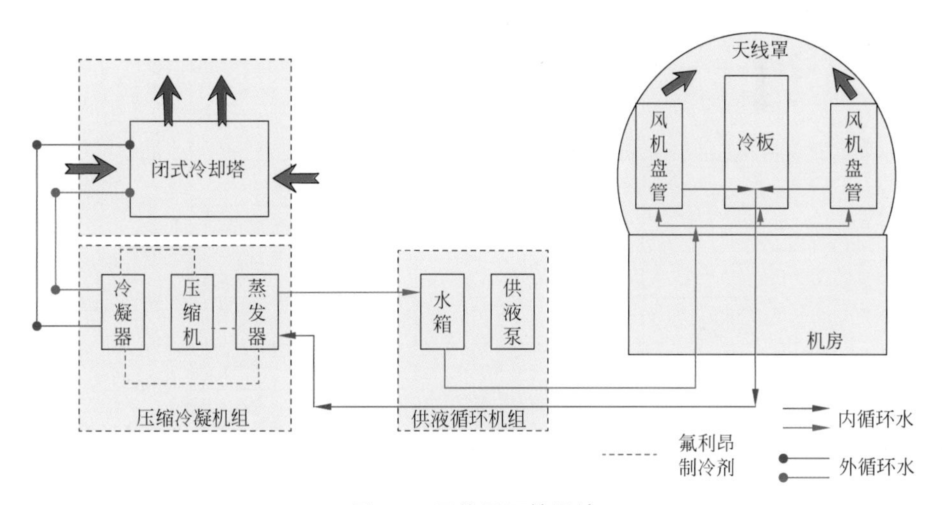

图 3-5　天线罩环控设计

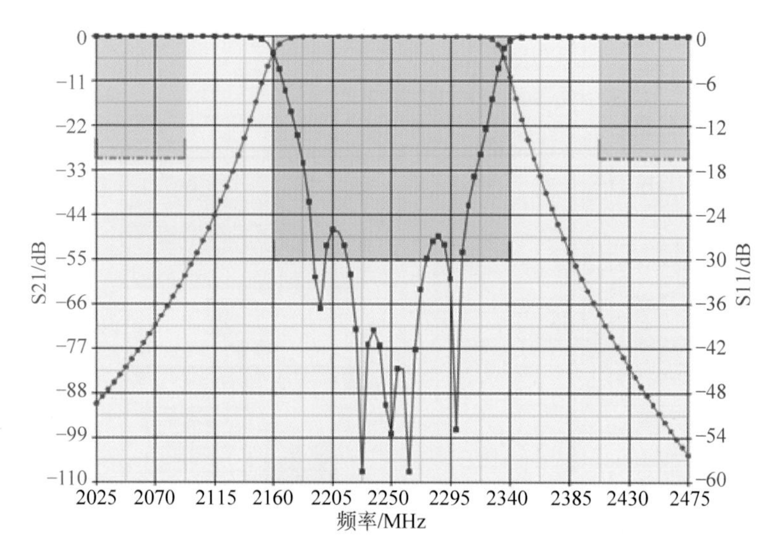

图 3-15　射频滤波器频率响应

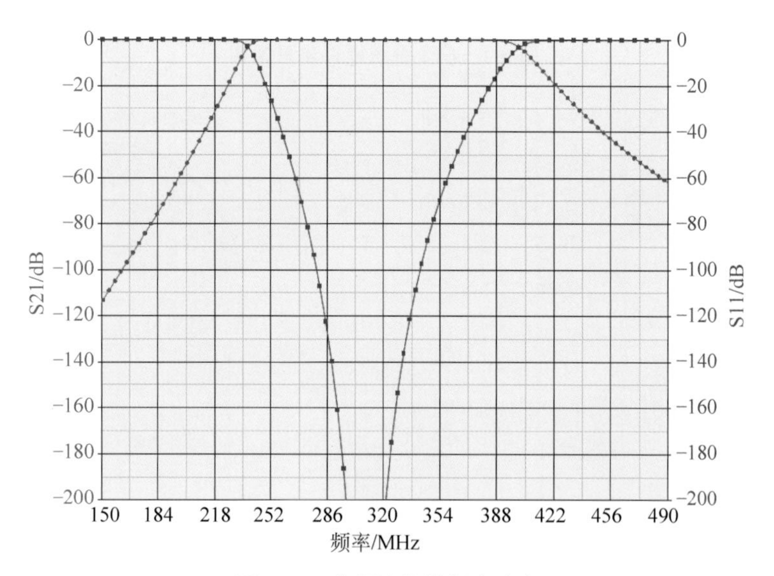

图 3-17　中频滤波器频率响应

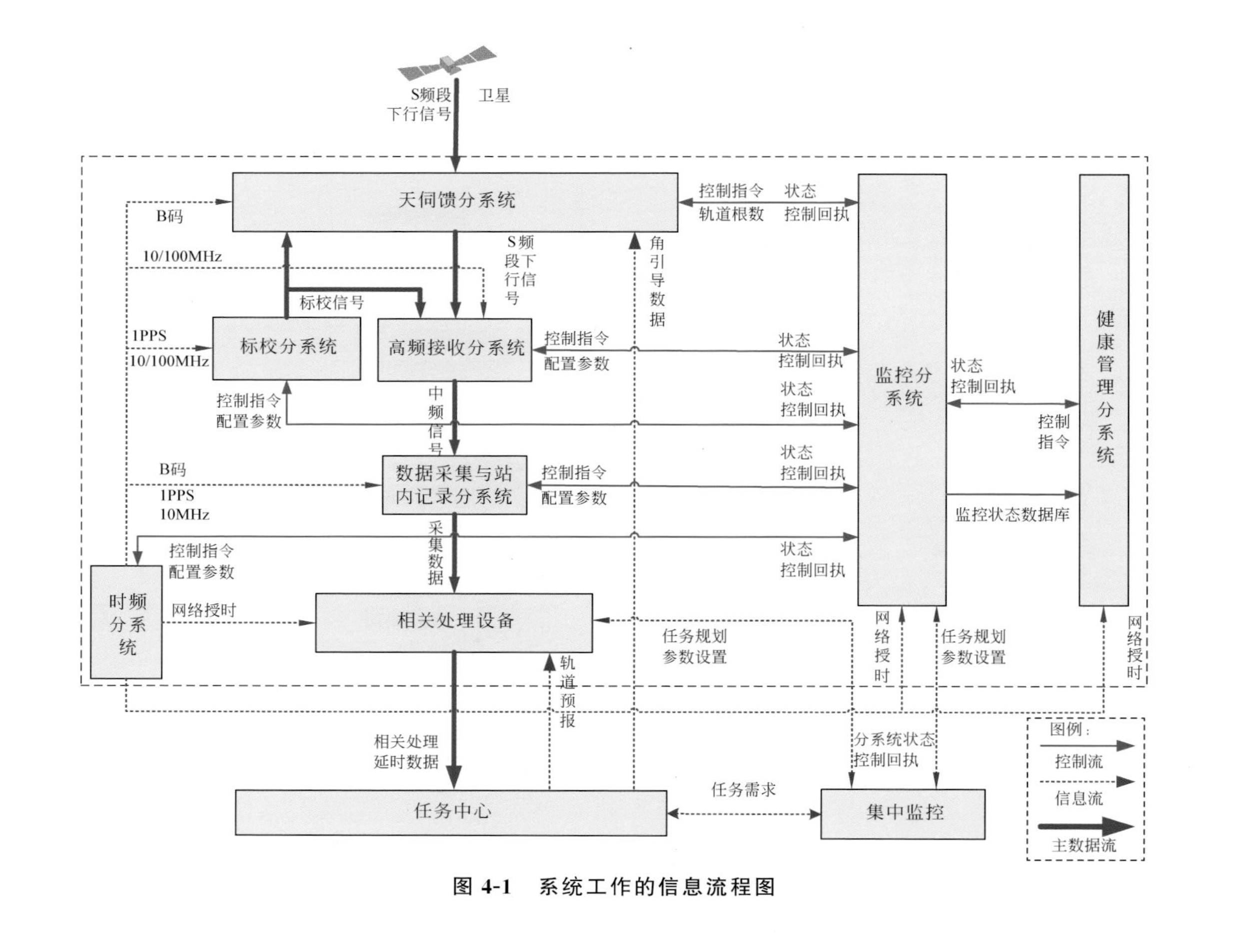

图 4-1 系统工作的信息流程图

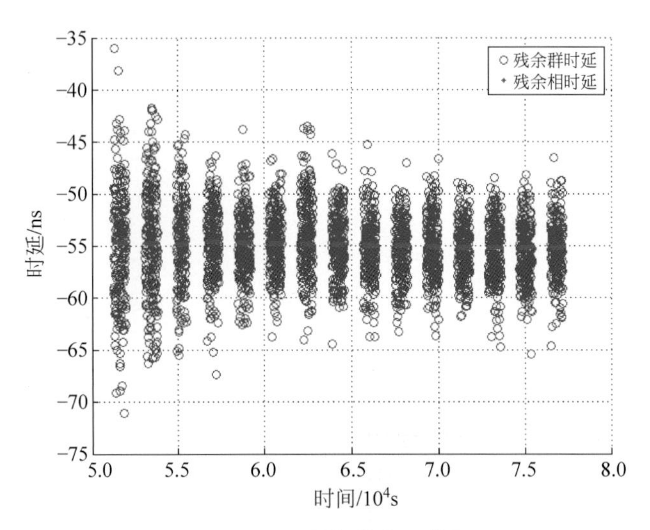

图 7-2 X 卫星相关处理结果

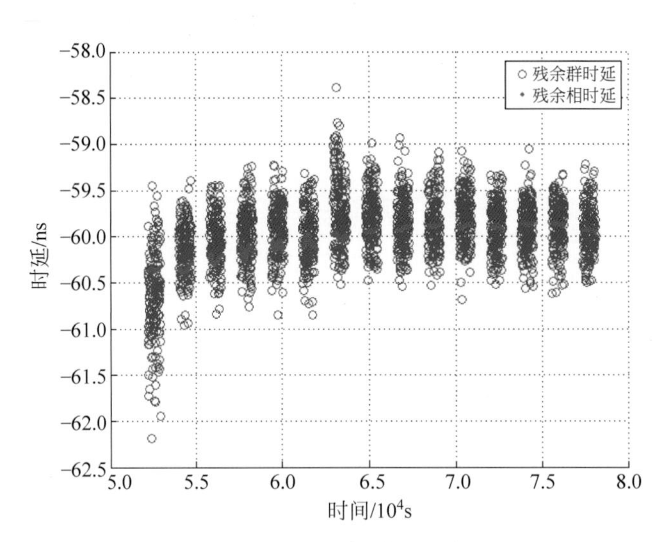

图 7-3 BD 卫星相关处理结果